国家自然科学基金(NO.51974174)
山东省优秀青年基金(ZR2019YQ26)
山东省高等学校青创人才引育支持计划

采动应力演化时空效应及围岩控制

Time-Space Effect on Mining-Induced Stress Evolution and Ground Control of Roadways

文志杰　蒋宇静　陈连军　孟凡宝　著

U0350860

科学出版社

北　京

内 容 简 介

本书围绕深部采场采动应力演化过程及相关灾害控制问题，在初步揭示采场冲击地压、水害等重大灾害事故发生和有效控制的基础上，提出通过控制采动围岩运动和应力条件实现重大事故预测和控制决策。

本书可供从事煤岩动力灾害防治的科研及工程技术人员、高等院校矿业工程专业师生阅读参考。

图书在版编目（CIP）数据

采动应力演化时空效应及围岩控制＝Time-Space Effect on Mining-Induced Stress Evolution and Ground Control of Roadways / 文志杰等著. —北京：科学出版社，2020.2

ISBN 978-7-03-052074-6

Ⅰ.①采…　Ⅱ.①文…　Ⅲ.①采动－应力场（力学）－研究　②煤矿－围岩控制－研究　Ⅳ.①TD32

中国版本图书馆CIP数据核字（2017）第042618号

责任编辑：李　雪 / 责任校对：王萌萌
责任印制：吴兆东 / 封面设计：无极书装

科学出版社 出版
北京东黄城根北街 16 号
邮政编码：100717
http://www.sciencep.com

北京虎诚则铭印刷科技有限公司 印刷
科学出版社发行　各地新华书店经销
*

2020 年 2 月第 一 版　　开本：720×1000 1/16
2020 年 2 月第一次印刷　印张：12 1/2
字数：252 000

定价：118.00 元
（如有印装质量问题，我社负责调换）

序

　　煤炭是我国的主体能源，埋深 2000m 以内的煤炭资源总量为 5.9 万亿 t，其中埋深超过 1000m 的占 50%以上，主要分布于我国中东部地区，深部开采将成为煤炭工业发展与资源开发新常态。为保证经济快速发展能源供给，千米深井煤炭资源开发势在必行，这对保障国家能源安全、支撑地方经济发展具有重要战略意义。

　　因采动引起的冲击地压、透水、顶板等事故仍然频繁发生，这种状态严重威胁我国煤矿生产安全，影响我国采矿工业的形象。因此，进一步完善采矿工程，特别是重大事故预测和控制的理论，深入解释相关事故发生的矿山压力和岩层运动等动力信息基础，把煤矿安全高效开采决策和实施管理推进到科学定量发展阶段，实现信息化、智能化和可视化是必要的，也是从根本上解决我国矿山安全现状的紧迫任务。

　　近几年著者及其团队在国家重点基础研究发展计划(973 计划)、国家重点研发计划及国家自然科学基金面上项目、中科院学部专题性咨询项目等资助下，在深部矿井动力灾害致灾模型及围岩控制方面做了比较深入的研究，主要内容包括采场覆岩空间结构模型构建、采动应力时空演化、采场动力灾害预控技术等。

　　《采动应力演化时空效应及围岩控制》的出版，将会推动采动力学与岩层控制研究工作的深入开展，在人才培养、深部矿井动力灾害控制及推动技术进步方面做出一定的贡献。

2019 年 12 月 30 日

前　言

深部煤炭资源是 21 世纪我国主体能源的后备储量。假如老矿区因浅部资源采完而关井停产，东部发达地区能源将更加紧张。因此，安全开发深部煤炭资源，保证东部矿区接续生产，为国民经济和社会发展提供充足的煤炭供给，将有利于保障国家的能源安全。

本书力求在初步揭示采场重大灾害事故发生和有效控制的基础上，提出通过控制采场围岩运动和应力条件实现重大事故预测和控制决策的框架，为推进相关研究提供借鉴。本书主要内容是著者团队近 10 年来对采动力学与围岩控制研究的总结，并得到宋振骐院士的悉心指导与大力支持，在此谨向宋院士致以诚挚的感谢和崇高的敬意。在本书撰写过程中，著者同时得到宋院士团队石永奎教授、卢国志副教授、王崇革教授等的悉心指导，并引用了部分研究成果，在此表示衷心的感谢。

感谢山东能源临沂矿业集团有限责任公司赵仁乐总工程师、刘春峰处长以及采动力学与岩层控制课题组李杨杨、蒋力帅、张广超、纳赛尔、栾恒杰、朱恒忠等在本书撰写过程中提供的支持。

本书的出版还得到国家重点研发计划(2016YFC0600708)、山东省自然科学基金(ZR2018MEE001)、泰山学者优势特色学科人才团队支持计划、山东省泰山学者工程资金支持、山东省高校科研计划项目(科技类)重点项目(J18K2010)、青岛市源头创新计划(18-2-2-68-jch)、国家重点实验室开放基金(SHGF-18-13-30)等的支持。

由于作者水平有限，书中疏漏与不足之处，恳请前辈及同仁不吝赐教。

著　者

2019 年 11 月

目　　录

第1章 绪 论

1.1 矿山采动力学与围岩控制

煤炭是我国的支柱能源,是不可再生的重要燃料和工业原料,煤炭工业是关系我国经济命脉和能源安全的重要基础产业。长期以来,煤炭在我国一次能源生产和消费结构中都占主导地位[1-3]。2018年,我国原煤产量35.8亿t[2],消费能源结构中煤炭占59%。预计到2030年,煤炭比例仍将高达50%左右[3]。我国的煤炭资源赋存条件比较差,地下开采煤炭产量占90%以上。经过近几十年大规模开采,我国中东部主要产煤区的浅部煤炭资源已经逐渐开采殆尽。深部煤炭资源是21世纪我国主体能源的后备储量,开发深部煤炭资源,对于充分挖掘利用东部有限的能源资源、维护社会稳定具有重大的社会效益,符合国家能源安全重大需求。

然而,随着我国煤矿开采深度不断增加,冲击动力灾害日趋严重(图1-1),冲击危险矿井将不断增多[4-7]。目前已有150余对发生过冲击地压事故,遍布我国的主要采煤矿区[8]。同时,相关动力灾害造成了严重的人员伤亡和财产损失:2015年山东兖矿集团公司赵楼煤矿"7·29"冲击地压事故造成5人受伤,2014年河南义煤集团公司千秋煤矿"3·27"冲击地压事故造成6人死亡。据不完全统计,我国已累计发生31000多次动力灾害,平均每年死亡近300人[9],严重影响了我国煤炭行业的国际形象。目前,除海南、广东、福建、浙江、西藏等少数省区外,我国主要采煤省区不同程度地受动力灾害地威胁,著名的平顶山、淮南、兖州矿区的主力矿井已全部

图1-1　灾后巷道破坏情况

为突出矿井。因此，煤矿动力灾害的监测预报和治理已经成为我国煤炭工业能否健康发展的关键课题，我国在《国家中长期科学和技术发展规划纲要(2006—2020年)》中明确确定"矿井瓦斯、突水、动力性灾害预警与防控技术"为优先研究主题[10]。

冲击地压等动力灾害现象的本质是高应力状态作用下煤岩体的突然失稳破坏。与地下厂房、水电硐室、地铁隧道等其他行业地下工程相比，煤矿开采具有十分鲜明的特征[11](图1-2)：开采空间范围大，我国深部煤矿普遍采用长壁开采方法，形成了数十万其至数百万立方米的开采空间，开采范围之大、采动波及之广是其他任何地下工程不能比拟的；开采扰动强烈，大空间快速推采的长壁开采方法对围岩形成强烈的开采扰动，引起上覆岩层垮落、地表大面积变形沉降，尤其是对于深部一矿一面集中开采的千万吨级矿井而言，开采所导致的大范围的强烈扰动更是浅部开采和其他地下工程所不能比拟的[12,13]；介质属性和应力状态复杂，除了深部煤田地质赋存条件的复杂性外，大范围开采对采掘空间周围煤岩体形成反复扰动，使之多次经历变形、破坏过程，致使煤岩体的介质属性既具有断续结构特征，又具有破断介质属性；工作面处于高地应力和强卸荷共同作用下，采掘诱发地应力重分布时空关系复杂，高应力释放、转移、传递引起的煤岩体能量耗散与能量释放过程的动力学特征明显，极易诱发冲击地压动力灾害。

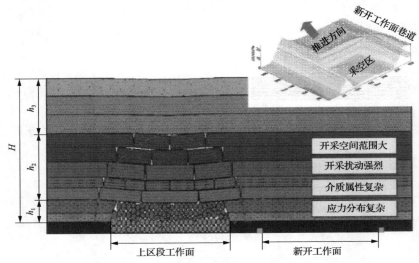

图1-2 深部采场力学结构

h_1-垮落带高度；h_2-裂断带高度；h_3-弯曲下沉带高度；H-埋深

促使围岩向已采空间运动的"采动应力"是煤矿顶板、瓦斯、冲击地压等重大事故及沉陷灾害的根源。不了解或没有完全掌握不同采动条件下岩层运动和采动应力分布时空演变规律，在错误的时间和空间开掘、维护巷道和推进工作面是产生煤与瓦斯突出、冲击地压等动力灾害事故的重要原因之一。

鉴于此，本书针对深部动力灾害致灾条件，建立了深部采场致灾结构力学模型，将采场覆岩空间结构分为对采场矿压显现有直接影响的运动岩层结构"裂断拱"和未产生明显运动的岩层结构"应力拱"，并研究了两者的相关性；基于声发射理论和应变能理论对煤岩体损伤本构关系进行细致分析，研究了采动应力场时空演化机制；初步提出了针对冲击动力灾害的基于能量耗散率指标的采动应力孕育及卸压释能评价机制；提出了针对顶板灾害的"单一关键层"和"双关键层"结构的采场控顶准则及以连续损伤力学模型为基础的应力梯度理论的巷道大变形研究方法。本书成果可为研究深部动力灾害孕灾条件提供理论支持，同时为动态调控孕灾环境，降低或改变致灾条件做出新贡献。

1.2　采场覆岩空间结构时空演化效应

开采前煤体处于深部三维应力平衡状态，开采活动打破了原有的应力平衡，导致采场三维空间的宏观应力场与能量场重新分布，这种应力场与能量场的动态演化与发展为动力灾害的孕育、发生和发展创造了条件。煤矿采场周围空间破裂形态与应力场的关系，是预测和控制冲击地压、矿井突水、煤与瓦斯突出及顶板整体冒落等矿井动力灾害的基础。因此，将"煤矿采场覆岩空间结构时空效应"和"采动应力场时空演变特征及致灾机理"两个问题结合起来，对煤矿深部开采面临的冲击地压等动力灾害进行综合研究，可有效揭示煤岩动力灾害的采动效应，有利于实现对冲击地压等动力灾害事故的有效防治。

长期以来，国内外专家学者围绕采场深部开采采场覆岩空间结构全时域稳定性、采场煤岩体损伤破裂特征、采动应力场演变规律等方面开展了许多有益的研究工作[14-87]。

1.2.1　采场覆岩空间结构全时域动态演化特征分析

关于采场覆岩破坏范围及其结构特征的研究，国内外采矿工程界的专家学者分别从解释采场矿山压力显现规律、解决采场顶板控制和支护设计问题，以及"三下"采煤研究的需要出发做了大量的研究工作。

1. 采场覆岩空间结构时空演变理论

钱鸣高等[14-18]建立了"砌体梁"与"关键层"理论，为研究煤矿采场覆岩结构的形成与失稳提供了理论依据；宋振骐等[19]提出了"传递岩梁"理论，为研究顶板控制设计提供了理论指导；姜福兴[20]在"砌体梁"和"传递岩梁"基础上，提出了基本顶存在类拱、拱梁、梁式三种基本结构；邓广哲[21]借鉴拱壳结构力学分析方法，对放顶煤采场上覆岩层运动的拱结构特征从宏观上做了初步分析；闫少宏、贾光胜[22]分析了放顶煤开采上覆岩层平衡结构向高位转移的原因；张顶立[23]提出"砌体梁"与"半拱"式结构结合而构成的综放工作面覆岩结构的基本形式；黄庆享[24]建立了浅埋煤层采场基本顶周期来压的"短砌体梁"和"台阶岩梁"结构模型，这些研究及其主要成果奠定了采场覆岩空间结构理论研究基础。采场"裂断带"覆岩经历"弯曲—裂断—触矸—压实矸石"过程，使得采场覆岩空间结构随着开采不断发展演化，而现有的研究成果主要针对静态、浅部-中深部条件下抽象的二维结构力学模型。因此，深部采场开采过程中包含开采时间因素的采场覆岩"四维"空间结构全时域演变模型还有待于进行深入的研究与探索[25-28]。

2. 采场覆岩空间结构时空演化过程监测

国内外学者为研究采场覆岩空间结构动态演化做了大量切实可行的工作，目前监测研究方法主要有以下四种：

1) 岩体破裂的微地震定位监测方法：用于监测覆岩空间结构的形成过程和大致范围。微地震定位监测技术(microseismic monitoring techniques)简称 MS 技术[29-44]，其用于工作面尺度内监测岩体破裂已经有十多年的历史，国外主要用于浅埋煤层，在地面打钻安装检波器。在中国，由于煤矿进入深部开采，地面监测经济效益和可靠性不高。为此，国内有关学者基于开采条件开发出深井防爆型 MS 系统，以及相关的深孔检波器安装技术，用于监测岩体在三维空间上的动态破裂过程，并确定破裂的范围和程度。基于微地震定位监测技术，姜福兴等[45]按照工作面采动边界条件划分采场覆岩空间结构并通过分析澳大利亚煤矿六个长壁工作面的实测资料，证明在地层进入充分采动之前，上覆岩层的最大破裂高度近似为采空区短边长度的一半。

2) 双端堵水测漏观测法[46,47]：用于确定一点一个方向上的岩体破裂高度和程度。

3) 钻孔应力计法[48,49]：用于反演覆岩运动状况和监测煤体的稳定性。

4) 数值计算和相似材料模拟试验[50,51]：用于辅助研究覆岩空间结构与应力场。数值计算用于研究既定覆岩空间结构围岩中的应力场，而三维相似材料模拟试验则主要用于覆岩空间结构的概念研究。

覆岩破坏演化不仅与岩层结构有关，而且具有较强的时间效应[52]。事实上，岩层控制问题与时间因素密切相关。因此，在现有国内外有关学者研究成果的基础上，我们有必要充分地考虑开采的时间效应，研究分析采场覆岩空间结构形成至稳定全过程时空演化规律。

1.2.2　煤体损伤破裂时效研究

深部煤炭开采的力学环境、基本力学行为和破坏特征随着煤炭资源赋存条件的恶化，尤其是煤体在深部采场覆岩空间结构"形成—稳定"全时域过程中受到开采扰动，损伤破裂程度将逐渐加剧。正确理解和描述煤体损伤破裂演化对于深入认识深部采场动力灾害的发生机制具有重要的工程实际意义。

能量转化是物质物理过程的本质特征，物质破坏是能量驱动下的一种状态失稳现象。煤体损伤破裂物理过程的研究，尤其是在考虑煤体损伤破裂过程中的变形场非均匀演化过程和能量释放及转移方面，一直是岩石学领域的热点问题，国内外学者在此方面开展了大量的研究[53-55]。Obert[56]为了预测岩石开挖过程的失稳现象，最早应用声发射监测技术来确定岩石开挖诱发的破裂位置，并由此确定岩石中的最大应力区；曹文贵等[57]基于岩石单轴应力-应变曲线建立了反映岩石破裂全过程的统计损伤本构模型；朱珍德、冯夏庭等[58,59]基于扫描电镜（scanning electron microscope，SEM）的岩石破裂全过程数字化细观损伤力学试验方案，实现了岩石破裂全过程的显微与宏观实时的数字化监测、控制、记录及分析的岩石力学试验，从宏细观角度描述了岩石试样单轴压缩过程中的破坏机制，并分析得出试样单轴受压破坏过程中虽然微裂纹在某些区域集中，但在整个试样中微裂纹的统计分布依然是服从某一指数分布；唐春安等[60-63]应用数值模拟研究了各种条件下岩石裂纹演化过程及裂纹相互作用机制；刘滨、刘泉声[64]基于最小耗能原理，揭示了应力、能量积累转移和微震活动空间分布规律之间的内在联系；赵兴东等[65]研究发现声发射事件三维定位结果直观反映了岩样裂纹初始位置、扩展方位、裂纹宽度变化、裂纹演化过程及裂纹扩展的曲面形态，同时可以反映岩石内部应力场的演化；曹树刚等[66]研究了不同围压下煤样 AE 信号的变化趋势，并将其与单轴情况进行了比较；赵洪宝等[67]研究了含瓦斯煤样在三轴压缩过程中的声发射特性，建立了基于声发射特性的含瓦斯煤岩损伤方程；左建平等[68]对钱家营岩体、煤体和煤岩组合体进行了单轴和三轴压缩试验，获得了不同应力条件下煤岩、单体及组合体的破坏模式和力学行为；Shkuratnik 等[69-71]在实验室对煤体进行循环加载试验，研究了煤岩在复杂应力作用过程中声发射的记忆效应；Voznesenskii 等[72]研究了加载过程中试件上下两个部分对应的 AE 参数特征，并着重分析比较了它们在主裂纹形成阶段的差异性。上述研究成果对研究煤体损伤破裂动态演化过程的认识与量化具有重要推动作用。然而，相对于岩石，大变形煤岩受载变形破坏过程的声发射特征研究成果较少，主要原因有四个：一是煤岩具有明显的非均质性和各向异性，典型的弹塑性岩石材料 AE 特征不能简单用于描述煤岩的性质；二是试验实施的角度对仪器精度及抗噪等要求较高；三是加载方式，应真实仿真开采现场煤体受采场覆岩裂断冲击及触矸后缓慢动力加载全过程；四是试验尺度，应合理避免小试件尺寸而产生的尺度效应。

深部采场煤体力学环境复杂，试验装备应真实仿真开采现场煤体受采场覆岩裂断冲击及加载条件；同时，煤体声发射研究主要集中于中低围压下（0～10MPa）。因此，采用合理加载准则作用下的大尺度试件在较高围压下 AE 时序空间演化特征及深部煤体在动态应力作用下损伤破裂空间演化规律还需要开展进一步研究。

1.3 采动应力场"时空"孕灾过程

人们于 20 世纪 50 年代开始对深部动力灾害现象进行系统的研究。我国学者也对动力灾害发生机制、现场监测与预报方法、防治技术等做了大量的研究工作[73-77]，但目前动力灾害仍难以控制，预测和防治效果有待进一步提高。

姜福兴等[78-81]应用应力突降值和应力变化范围对矿震诱发的冲击地压进行实时监测预警，通过在开采前预判关键层破断步距、开采中实时动态分析岩层破裂高度，判断矿震发生的区域，提高临场预警的时效性和准确性，认为应力突降和矿震事件两者时间间隔在 3～8min 不等；窦林名基于岩层运动关键层理论[82-84]，研究了覆岩关键层破断规律，从力学机理上分析了覆岩关键层 O-X 型破断时，矿山压力达到最大值，极易导致强矿震、冲击矿压的发生；谢广祥和扬科[85,86]提出，综放工作面围岩存在高应力束组成的宏观应力壳，只有应力壳失衡才会造成剧烈的矿山压力现象，如矿震、冲击地压等；齐庆新等[25]认为煤矿冲击地压的发生通常在工作面前方采动应力影响范围内，在应力集中和采动影响下，导致冲击地压的发生；于斌[87]认为冲击地压发生与顶板来压密切相关，一般发生在工作面强周期来压后 1～3 天。

这些研究成果为研究深部采场覆岩空间结构全时域运动过程中采动应力场孕育机制及量化评价方法提供了一定的理论基础和技术指导，但同时采场空间动态演化过程中煤体损伤劣化时空效应和因煤体损伤致使采动应力场孕育的动态评价方法尚未被充分理解，这主要是由采场覆岩空间结构演化的高度复杂性和采动应力的不确定性导致的。因此，实现动态调控动力灾害孕育环境和降低或消除动力灾害致灾条件为目标的深部采场覆岩空间结构形成稳定全时域采动应力场演化过程及量化评价方法还需深入研究。

第2章 采场覆岩结构时空运移规律研究

煤矿采场始终处于不断推进和发展的过程中，采动应力随着采场推进也处于不断发展变化过程中。鉴于煤矿采场不断推进的工程特点，采场覆岩时空运移、采动应力等都是在不断发展变化之中的，而这种变化是有规律可循的，是由岩层运动决定的。

2.1 采场覆岩空间结构构建

采动引起上覆岩层大范围移动和应力重新分布，特别是采场周围煤岩体的破坏变化。煤层开采引起采场覆岩空间结构破断移动，并伴随着周围煤岩体应力发展变化，进一步诱发采场动力灾害事故。采场覆岩立体空间模型指为描述该采场结构空间所建立的一系列力学与数学模型[88]：以煤层作为基准面，把由采场推进所引起的底板、顶板发生物理形态变化的空间、从纵向高度上包括从煤层底板到地表的垂直空间、在水平方向上包括以煤层为基准面的采场倾斜方向与推进方向的水平空间、从采动应力变化转移的角度包括从工作面开切眼开始到停采线所经历的时间空间。

2.1.1 采场立体空间结构模型概述

采场立体空间结构把传统采场二维空间拓展到以采场推进为主线的三维立体空间，专家对其进行了较为深入的研究，如图 2-1 所示。依托现有研究，将对采场矿压显现的采场空间结构划分为沉陷岩层、裂断岩层、冒落岩层、煤层、底板岩层五组。

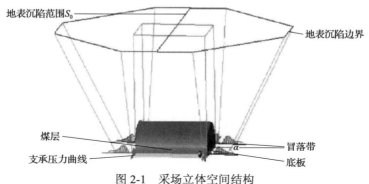

图 2-1 采场立体空间结构

1. 采场矿压显现的采场空间结构划分

开采沉陷是指受煤层采动影响，位于岩层开采裂断拱外侧，发生显著变形的岩层组，它从空间上包括自煤层周边采动应力边缘到地表沉陷边缘所围成(除采场采动所形成的裂断拱内岩层)的立体空间结构(图 2-2)。该空间包括传统概念中的弯曲下沉带(采场正上方裂断拱外垂直到地表的空间) A，也包括采场周边 B 部分的空间。地表沉陷是开采沉陷岩层在地表的直接表现，它受到煤层埋藏深度、采场上方裂断拱的高度、表土层的厚度等多种因素的影响，是采煤地质灾害在地表的直接反映。地表沉陷对地表建筑物、地表农作物有毁灭性的破坏，对河流、湖泊、堤岸等有较大的影响，有效地控制地表沉陷的范围和幅度是当今采矿业密切关注的话题。该部分岩层在形态上只发生了挠曲变形，没有贯穿该岩层整体厚度的裂隙出现，更没有发生裂断。在重力作用下，岩层本身原生裂隙、节理有可能发生扩展，但是节理裂隙的扩展在垂直方向上没有贯穿岩体的整体厚度，在水平方向上没有达到大面积的横向沟通。

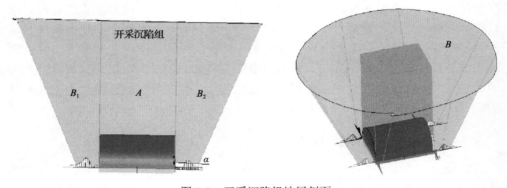

图 2-2　开采沉陷组地层剖面

采场上方开采沉陷岩层一般具有以下几个判断特征：岩层在外观上没有明显的贯通裂隙出现，基本保持了岩层的原生状态。岩层保持岩体原有力学性质。岩层的悬空跨度 (L_{Mi}) 小于该岩层的第一次断裂步距 $(C_{0(Mi)})$，即 $L_{Mi} < C_{0(Mi)}$。该岩层组下部可能有微小再生裂隙，但是裂隙不能导通水流和气流。研究、分析开采沉陷岩层变化特征及开采沉陷范围，对了解裂断拱的发展方向、顶板水灾等安全事故具有十分重要的意义。

裂断岩层指在开采沉陷岩层正下方、采场冒落带正上方，岩层发生较大裂隙乃至裂断的岩层组，一般具有导水、导气的重要特征。裂断岩层一般具有以下几个判断特征：岩层下沉后，从岩块的排列状态来分辨，一般裂断组的岩块之间具有明显的规律性。岩层下沉后，岩块之间在水平方向上始终能够保持水平力的传递。岩层允许下沉空间 (S_A) 小于该岩层的本身厚度 (h_{Mi})，并且岩层的悬空跨度 (L_{Mi}) 大于该岩层第一次断裂步距 ($C_{0(Mi)}$)，即 $S_A + S_{A'} < h_{Mi}$ 并且 $L_{Mi} > C_{0(Mi)}$。岩层具有明显的贯通裂隙，且裂隙在垂直方向上贯穿了岩体整体厚度，在垂直方向具有导通水、气流的明显特征。各传递岩梁的运动是采场支架受力和作用在煤壁前方"内应力场"中压力的主要来源。研究裂断岩层，特别是研究裂断拱发展规律，对顶板透水等顶板类事故的研究具有十分重要的意义。

冒落岩层是指在采场煤层上方、裂断岩层正下方的岩层组。该类岩层的一个重要特征为岩层冒落（垮落）后在水平方向上不能够始终保持水平力的传递。冒落岩层直接影响工作面的推进与支护状态，对采场两侧的巷道支护也有较大的影响。可根据以下几个判断特征判断采场上方一个岩层是否属于冒落组：岩层下沉后，从岩块的排列状态来分辨，一般冒落组的岩块没有明显的规律性。岩层下沉后，岩块之间在水平方向上不能够始终保持水平力的传递。岩层的允许下沉空间 (S_A) 大于该岩层（或者分层）的厚度 (h_{Mi}）。冒落组岩层具有膨胀性、导水、导气等工程特征。

煤层是指顶、底板岩石之间所夹的煤及矸石层。煤层是煤系的主要组成部分，煤层层数、厚度及其变化是评价煤田开采价值的主要因素，常用参数一般有采动应力分布范围 (S_X) 与采动应力峰值的位置 (S_1) 等。

底板岩层在采场矿山压力的作用下，经历着一个压缩、膨胀、再压缩的反复过程，且在采空区周边始终作用着较大的剪切力。底板岩体在这些力的反复作用下会产生移动和变形，导致岩体内部出现新的裂缝并使原生裂隙进一步扩大，进而这些裂隙连通形成连通性裂隙，导致底板破坏。

2. 采场覆岩运动发展规律

尽管我们依托工作面煤层及开采后顶底板情况对采场覆岩情况进行了划分，但由于上覆岩层距采场高度不同，其各自的岩性和厚度也不同，因此其充分运动的范围和对采场的影响也不相同。国内外学者在上覆岩层结构和运移规律研究上做出了巨大贡献，为煤矿灾害事故控制提供了理论基础和技术支撑。

实践证明，一般岩层覆盖的采场，在开采深度超过一定值，工作面宽度达到 200m 以上的情况下，采场推进超过工作面宽度时，受采动影响参与运动和受到破坏的覆岩范围及重新分布的应力场如图 2-3 所示。也就是说，该采动条件下形成的采场结构力学模型，分别由受采动影响运动、破坏的上覆岩层范围及作用在煤层上重新分布的应力场范围两个部分组成。为了研究采场覆岩运动发展规律、控制对采场有明显影响的岩层运动，进一步从纵向和推进方向入手，将各组成部分的形态结构和力学特征分别描述[89]。

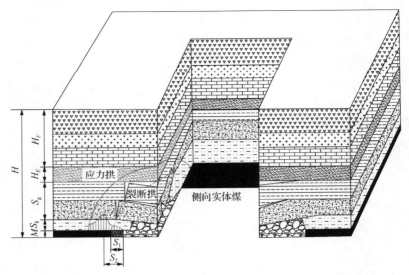

图 2-3　采场结构力学模型

(1) 采场覆岩纵向发展规律

岩层纵向运动一般首先随采场推进，在重力作用下岩层悬露达一定跨度弯曲沉降到一定值后，强度低的软弱夹层或接触面在轴向剪应力作用下破坏，发生离层，并为下部岩层的自由沉降和运动向上部岩层发展创造了条件；发生离层后，在运动中重新组合成同时运动或近乎同时运动的假塑性传递岩梁，最终沉降值超过允许的限度即发生冒落。各岩层受采场推进的影响，其悬露时间、悬露跨度和所受外载由下而上是不同的。总体说来，最下部的岩层最先悬露，越靠上部的岩层，悬露越晚；各岩层的悬露跨度由下往上依次递减。由于岩梁悬露跨度具有由下往上依次递减的规律，且剪应力的大小又与岩梁的悬露跨度成比例，因此剪应力大小也是由下往上递减的。此外，形成岩层纵向运动由下往上发展的另一个重要原因是：作用于各岩层的外载是由下往上递减的。岩层纵向运动的总趋势是由下往上发展的，离层后上下岩层的运动组合情况由岩层的岩性、厚度及裂隙发育等情况差别决定；岩层厚度较之岩性对岩层的离层和运动组合的影响更为重要。

(2) 采场覆岩推进方向发展规律

随采场推进，煤壁前方的采动应力及支架上的压力显现都在不断地变化。采场矿压显现的发展变化规律是由对其有影响的上覆各岩层的运动发展规律决定的，除了岩层运动的纵向发展规律影响外，更重要的是受推进方向的发展规律所影响。在采场推进过程中，由于上覆各岩层承受的矿山压力大小不同和支承(约束)条件的差异，就采场上覆岩层运动发展状况来说可分为第一次运动及周期性运动两个阶段。

从岩层由开切眼开始悬露，到对工作面有明显影响的一、二个传递岩梁第一次裂断运动结束为止，为第一次运动阶段[图 2-4(a)和(b)]。其中包括直接顶岩层第一次垮落。该阶段岩层两端由煤壁支撑，其受力状态可视为固定梁。采场各岩层第一次运动在采场的压力显现称为采场的初次来压。由于任何岩层第一次运动步距相对日常情况下的运动步距要大得多，因此第一次运动来压面积大，强度高，并且可能伴随发生动压冲击。

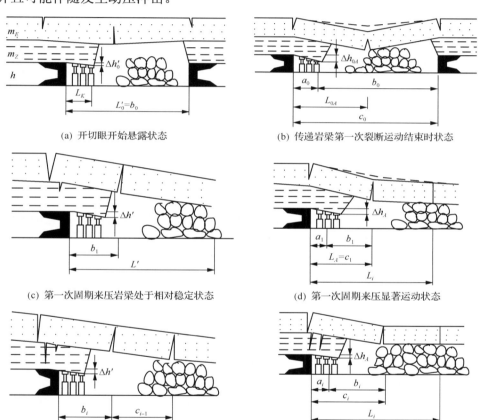

(a) 开切眼开始悬露状态

(b) 传递岩梁第一次裂断运动结束时状态

(c) 第一次固期来压岩梁处于相对稳定状态

(d) 第一次固期来压显著运动状态

(e) 第 i 次周期来压岩梁处于相对稳定状态

(f) 第 i 次周期来压显著运动状态

图 2-4 采场覆岩推进方向发展规律

m_E—基本顶；m_Z—直接顶；h—煤层；L_K—控顶距；L_0'—岩梁的最大跨度；$\Delta h_0'$—采场最小顶板下沉量；Δh_{0A}—来压结束时的顶板下沉量；a_0—岩梁的显著运动步距；b_0—岩梁的相对稳定步距；c_0—岩梁的初次来压步距；L_{0A}—给定变形来压结束时的岩梁跨度；a_1—岩梁的显著运动步距；b_1—岩梁的相对稳定步距；c_1—初次周期来压步距；L'—周期来压前夕岩梁的极限跨度；L_A—来压结束时岩梁跨度在给定变形条件下的最小跨度；Δh_A—支架在给定变形工作状态下采场顶板下沉量；c_{i-1}—第 $i-1$ 次断裂时岩梁的周期来压步距；$\Delta h'$—周期来压前夕采场顶板下沉量；a_i—岩梁的显著运动步距；b_i—第 i 次断裂时岩梁的相对稳定步距；c_i—周期来压步距；L_i—岩梁周期来压结束时相对稳定跨度

从各层第一次运动结束到工作面采完，顶板岩层按一定周期有规律的裂断运动称为周期性运动阶段[图 2-4(c)～(f)]。在此发展阶段，岩层的约束条件发生了根本性变化：直接顶岩层在采场里为一端固定的"悬臂梁"。直接顶上方各岩梁则为一端由煤壁支承，另一端由采空区矸石支承的不等高的传递岩梁。此时，运动步距较第一次运动步距小得多。

在上述两个发展阶段中，岩层运动都将经历相对稳定及显著运动两个发展过程。我们把岩梁运动幅度小，对采场矿压的影响不明显的过程称为岩梁处于相对稳定过程。描述该过程长短的参数是岩梁的相对稳定步距，即岩梁处于相对稳定状态时工作面推进的距离，用 b_i 表示，如图 2-4(a)、(c)、(e)所示。

把岩梁运动幅度较大，对采场矿压显现影响极为明显的过程称为岩梁处于显著运动过程，即通常所说的来压过程。描述这一运动过程的参数是岩梁的显著运动步距，即从岩梁大幅度运动开始，到运动基本结束为止，工作面推进的距离，用 a_i 表示，如图 2-4(b)、(d)、(f)所示。

随着工作面的推进，采动应力不断变化，采动应力分布将出现高于和低于原岩应力的两种情况。对应不同的开采深度和煤层强度，受采动影响，在煤壁前方重新分布的采动应力场(支承压力场)包括以下三个部分：

1)"内应力场"：该应力场中的煤层在采动应力作用下已遭到破坏，进入塑性或假塑性破坏状态，其受力大小和时间受"裂断拱"内岩梁裂断运动的直接影响，如图 2-3 中 S_1 区间所示。该区间的应力值一般小于原始应力。

2)塑性破坏区：煤壁前方受采动应力影响进入塑性破坏状态的范围，如图 2-3 中 S_2 所示。该区间的采动应力主要来源于采场"应力拱"内岩梁的作用。

3)弹性压缩区：该部分煤层在采动应力作用下处于弹性压缩状态。该区间应力高于原始应力。

上述采动应力的三种类型各有其存在的条件，不同煤层在相同的开采条件下可能有不同的分布形式。即使煤层条件和开采技术相同，但开采深度不同，工作面推进到不同部位，采动应力分布形式往往也不同。因此，厘清影响采动应力各类形式的原因及其存在条件，对矿山压力控制，特别是解决巷道矿压控制方面的问题具有重要意义。

3. "裂断拱"与"应力拱"结构特征及演化规律

为了有效控制煤矿灾害事故，国内外学者先后提出了诸多经典采场覆岩空间结构假说模型，并各自解释了一定的现象，但构建模型主要以静态模型为主。在已有学者研究基础上，作者对采场覆岩空间结构和采动应力演化规律进行了系统分析，构建了以"断裂拱""应力拱""内、外应力场"为核心的描述采场覆岩空间结构孕育的动态空间结构模型(图 2-3)，该结构模型描述不同开采深度和岩层结构等既定条件的煤层，在不同采动条件(包括采高、工作面长度及开采程序等)下覆岩运动破坏和采动应力大小、分布及其随采场推进的发展规律。煤层上方岩层可分为覆岩空间结构和覆岩空间结构外两部分，覆岩空间结构外部分是指"裂断拱"外未产生明显运动的岩层，覆岩空间结构是由对采场矿压有直接影响的运动岩层结构组成的。随着工作面的推进，采场悬露空间不断加大，上覆岩层不断裂断垮落，裂断位置由下而上依次内错，形成"裂断拱"。同时，空间结构围岩中应力重新进行分布，原来由工作面采动煤体承担的上覆岩层重力加载到两侧煤(岩)体上。若煤(岩)体所承受的总应力超过其强度，则发生破坏，应力高峰向内侧转移。每一岩梁裂断皆伴随这一过程，形成由"裂断拱"外各岩层采动应力高峰组成的"应力拱"，其大小在开采走向和倾向上的垂直平面内以抛物线形状不断向上发展。从应力场分布和结构发育的角度分析采场空间结构模型的组成，在垂直于工作面推进方向上：①纵向上形成"应力拱"和"裂断拱"；②横向上形成"内、外应力场"和传递岩梁。

(1)"裂断拱"与"应力拱"演化过程

随着工作面的继续推进，空间覆岩结构波及范围不断扩大，在空间覆岩结构不断向推进方向和纵向空间发育过程中，采场空间结构发育形成两个结构力学形态，即在空间覆岩结构外围形成应力壳(剖面表现为"应力拱")，包含空间覆岩结构的"裂断拱"。"裂断拱"由对采场矿压显现有明显影响的"裂断拱"内裂断岩梁组成，"应力拱"的结构组成是逐层"外应力场"范围内的岩层。根据采场覆岩结构发育过程，采动应力的发展变化可分为两大阶段，具体可分为四小阶段。

1)第一阶段："裂断拱"与"应力拱"发育阶段，即育拱阶段。

工作面从开切眼位置处开始推进，当采场采空区域上覆岩层尚未冒落或已冒落的岩层尚未充满采空区，即采空区域垮落岩层的厚度 $h < (m - S_沉)/(k-1)$ 时($S_沉$ 为上覆岩梁下沉大小)，采场上覆覆岩运动可以被视为在采空区域中央悬空、其四周作用在煤岩体上的板弯曲结构。若弯曲值大于其挠度极限，则岩层由下而上逐次发生断裂，裂断两侧煤岩体除承受上覆岩层重力外，同时承载原开挖区域承担的覆岩载荷，极易导致压缩破坏，致使弹性应力高峰外移，形成"外应力场"。

该阶段采动应力发展变化又可具体细分为以下三个阶段：

①阶段Ⅰ：煤壁弹性阶段——始终保持对上覆岩层的支承能力。在初采阶段，从开切眼开始，随着采场不断向前推进，采空区悬露空间不断加大，原采动区域煤体承担的上覆岩层载荷通过岩梁传递到两侧煤壁上，煤壁上所承受的载荷将逐渐增加，这时煤壁处于弹性阶段。由于应力集中，采动应力的峰值在煤壁边缘。

②阶段Ⅱ：煤壁损伤碎裂破坏阶段——弹性应力高峰向外转移，煤壁支承能

力大幅度降低。煤层开挖后，打破原有的三维力学平衡状态，卸压后其力学参数将受到削弱，因而其支承能力将降低。煤壁附近煤体因采场继续推进，原采动区域煤体承担的上覆岩层载荷易超过煤壁所承受的载荷极限，造成损伤碎裂破坏。此时，为继续保持推进过程中采场上覆岩层阶段的稳定平衡状态，煤壁外侧未破坏或破坏较轻煤体将承担上覆岩层载荷，导致弹性应力高峰将向外转移。

③阶段Ⅲ："内、外应力场"形成阶段。采动区域悬露空间达到一定范围，即推进方向上悬露长度达到覆岩第一岩梁裂断位置时第一次来压，此时以断裂线为界将采动应力分布明显分为两部分，即断裂线与煤壁之间由"裂断拱"内裂断岩梁决定的"内应力场"和断裂线外侧由"应力拱"内覆岩载荷决定的"外应力场"。随着"裂断拱"内岩梁逐次裂断，"内应力场"所承受的覆岩载荷逐渐增大，这一作用过程直至"裂断拱"形成；由"应力拱"决定的"外应力场"因原作用于其上的"裂断拱"内未断裂岩梁裂断，作用载荷减小，因此弹性应力高峰阶段性幅度降低，呈现"内（"内应力场"）大（范围、峰值）外（"外应力场"）小（峰值）"的规律，表现为波动性起伏变化。

2）第二阶段："裂断拱"与"应力拱"形成阶段，即拱成阶段。随着工作面不断向前推进，采场上覆岩层垮落范围不断向工作面推进方向和空间纵向方向发育。当采空区域已垮落岩层厚度 $h \geqslant (m - S_{沉}) / (k-1)$ 时，已经冒落的岩石碎体充满了采空区，采场上覆岩层由于没有垮落空间导致不再裂断，运动状态呈现向采空区缓慢下沉，此时采场采空区域上覆岩层运动状态可以被视为四周和中央分别位于不同基础上的板弯曲结构，即位于采空区域冒落矸石和四周煤岩体结构上。式中，h 为垮落岩层的厚度；m 为开采厚度；k 为采空区垮落矸石碎胀系数。此后，随着工作面的继续推进，采空区域上覆未裂断岩层以空间"板-壳"结构运动破坏，并逐渐向工作面推进方向和空间纵向方向发育，直至采空区域冒落矸石碎胀系数达到最小，此时上覆岩层没有继续下沉空间，达到充分采动。此阶段为"裂断拱"与"应力拱"形成阶段。

此时采动应力发展变化进入第四阶段，即阶段Ⅳ"内应力场"消逝阶段。"裂断拱"形成后，"内、外应力场"达到理想稳定状态。上部"支托层"受其所承载载荷作用发生弯曲，部分重力作用于"裂断拱"内裂断岩梁上，导致"内应力场"受载继续加大，范围内煤体破坏加剧（试验表现为泡沫碎体持续挤出），承载能力大幅度降低；"外应力场"范围内煤体受载降低，因范围内煤体受扰动较小，破坏幅度也较小，承载能力几乎不变，弹性应力高峰值继续幅度降低。

综合分析，采动应力发展演化过程与以"岩层运动为中心"的采场动态结构力学模型形成发展过程紧密相连。结构力学模型产生、发展、稳定过程与采动应力演化过程如图2-5所示。

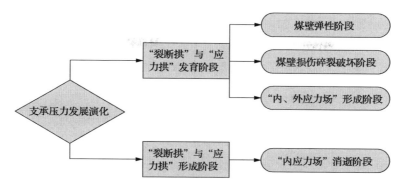

图 2-5　采动应力发展演化规律

(2)"裂断拱"力学结构特征及演化规律

工作面开采过程分两个阶段：①非充分采动阶段，即工作面推进距离 L_X<工作面宽度 L_0；②充分采动阶段，即工作面推进距离 L_X>工作面宽度 L_0。

在非充分采动阶段，采场覆岩空间结构高度随工作面推进总体上呈线性发展，在走向上不断向前发展，在空间上不断向上发展，空间结构高度约为已采空区短边跨度的一半[90]。但这一发展规律是有条件的，前述分析得到采场覆岩空间结构主要是由工作面宽度决定的，工作面宽度一定时，覆岩空间结构最大发展高度即基本确定。当工作面推进距离未达到工作面宽度时，空间覆岩结构发育高度与工作面推进长度有关，当工作面推进距离达到工作面宽度后，空间覆岩结构发育高度约为工作面宽度的一半，即在采空区区域"见方"之前，空间覆岩结构发育高度随工作面推进而增大；当采空区区域"见方"后，空间覆岩结构发育高度发展到该工作面宽度条件下的最大高度。

1)"裂断拱"由裂断岩梁组成，范围内覆岩是采场矿压显现主要力源。

2)"裂断拱"在采场覆岩中形似半椭球体，拱基位于工作面两侧煤体上第一岩梁裂断位置，拱顶位于坚硬岩层中，即"支托层"，高度大约为工作面宽度的一半。

3)"裂断拱"在采场推进过程中，推进方向不断向前发展，空间上发展到极限高度（$S_g=L_0/2$）后基本保持稳定。

(3)"应力拱"力学结构特征及演化规律

"应力拱"内岩层承担并传递上覆岩层载荷，是最主要的承载体。"裂断拱"结构位于"应力拱"内卸压区，当"应力拱"内覆岩结构失衡时，才会发生冲击地压等重大灾害事故。因此，有必要认清"应力拱"发展动态演化过程。

假设采场覆岩结构共有岩层 k 层，第 $n+1$ 层为支托层，"裂断拱"内第 i 层岩梁裂断后，原作用在其上的覆岩载荷传递到"裂断拱"外侧。如图 2-6 所示，"裂断拱"外第 i 层岩梁单位长度承担的载荷为

$$q_i = q_{1(k-i)} + q_{2(k-i)} = \gamma H_i L_i + \gamma H_i = \gamma H_i (1 + L_i) \qquad (2-1)$$

式中，$q_{1(k-i)}$、$q_{2(k-i)}$ 分别为"裂断拱"内、外第 i 层岩梁承受载荷；γ 为岩层平均容重；H_i 为第 i 层岩梁埋深；L_i 为第 i 层岩梁裂断长度。

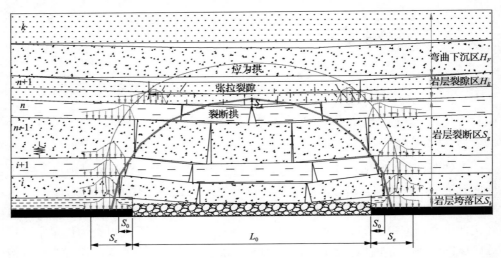

图 2-6　拱外岩梁应力计算模型

岩梁发生拉伸破坏，在裂断位置边缘会产生大量张拉裂隙，同时所受载荷瞬时增大，极易造成裂断位置处岩梁强度降低，采动应力高峰向外侧转移[图 2-7(a)]，埋深较大矿井中易出现此种情况。若岩梁强度足以支承"裂断拱"内传递过来的载荷，且不发生破坏，则采动应力高峰在裂断位置处[图 2-7(b)]，埋深较浅矿井易出现此种情况。

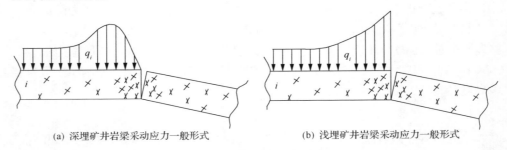

(a) 深埋矿井岩梁采动应力一般形式　　　　　(b) 浅埋矿井岩梁采动应力一般形式

图 2-7　岩梁采动应力分布

q_i—岩梁采动应力

"应力拱"作用宽度 $L_{\text{stress}} = L_0 + 2S_e$，空间发育高度 $H_{\text{stress}} = L_0 / 2 + H_{n+1}$。

"应力拱"分布状态与覆岩岩性、覆岩结构密切相关，岩层抵抗破坏能力和承载上覆载荷能力与岩性强度成正比。为更好地认识"应力拱"，并与现场紧密结合，我们将覆岩结构分为四种类型[76,89]："坚硬-坚硬型"（JYJY）、"坚硬-软弱型"
（JYRR）、"软弱-坚硬型"（RRJY）和"软弱-软弱型"（RRRR），各类型"应力拱"
分布形态如图 2-8～图 2-11 所示。

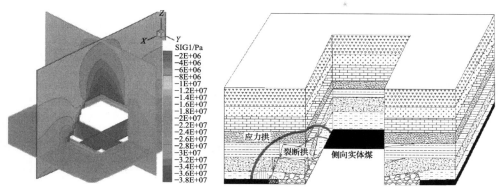

图 2-8　JYJY 型"应力拱"分布形态

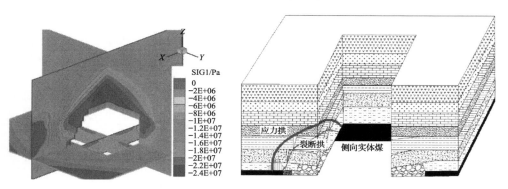

图 2-9　JYRR 型"应力拱"分布形态

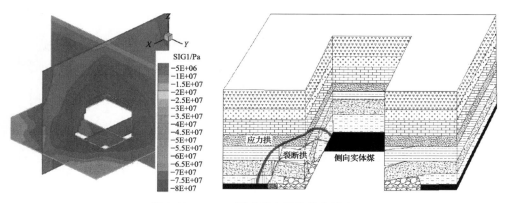

图 2-10　RRRR 型"应力拱"分布形态

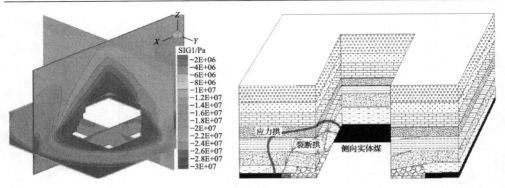

图 2-11　RRJY 型"应力拱"分布形态

　　"应力拱"是反映岩层之间应力传递关系的一组环状应力包络线，位置是应力高峰连接线，它的位置决定了"外应力场"范围，揭示了采场"裂断拱"外上覆岩层作用力传递到工作面围岩的范围。采场覆岩岩性决定了"应力拱"形状，"坚硬-坚硬型""软弱-软弱型""软弱-坚硬型"上限点偏向采场，呈"⌒"形；"坚硬-软弱型""应力拱"呈"⌂"形。采场矿压显现有影响的岩层位于"应力拱"内。

　　"裂断拱"是反映采动所形成的覆岩空间结构运动演化状态，它由对采场矿压显现有明显作用的"裂断拱"内裂断岩梁组成，边界线由各岩梁裂断线连接而成，采场矿压显现有明显影响的岩层位于"裂断拱"内。

　　采场覆岩岩性决定了"应力拱"在覆岩结构中的发育形态，但在采场推进方向上始终存在着"四层空间"，即采空压实区、卸压壳(S_e)、应力壳(S_0)、原始应力区四个区域，如图 2-12(a)所示[91]。根据煤体变形条件，可将煤体从煤壁开始

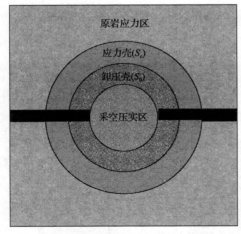

(a) 采动大范围"四层空间"结构力学模型

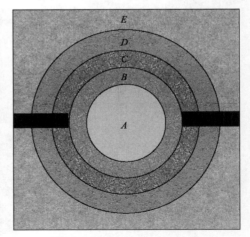

(b) 煤体小范围"四层空间"结构力学模型

图 2-12　采场"四层空间"结构力学模型

A—采空压实区；B—松动破裂区；C—塑性强化区；D—弹性变形区；E—原岩状态区

向深部分为四个区域，即松动破裂区、塑性强化区、弹性变形区、原岩状态区，如图 2-12(b) 所示。松动破裂区即"内应力场"，区内煤体已被裂隙切割成块体状，越靠近煤壁越严重，其内聚力和内摩擦角有所降低，煤体强度明显削弱，区内煤体应力低于原岩应力，故也称为"卸压区"；塑性强化区内煤体呈塑性状态，但具有较高的承载能力；弹性变形区内煤体在采动应力作用下仍处于弹性变形状态，应力大于原岩应力；原岩应力区内煤体基本没有受到采场开采影响，煤体处于原岩状态。

2.1.2　采场覆岩空间结构分类

采场覆岩空间结构的概念有两个含义：一是指采场周围岩体破裂边缘的形状特征，二是指破裂区内部岩层形成的运动结构。前者(破裂)是后者(结构)形成的基础。采区与矿井范围内覆岩空间结构的形式最初是由设计阶段决定的，最后是由开采活动实现的，是随着开采阶段不断变化的。现有被专家学者广为接受的针对采场覆岩空间结构是由姜福兴教授提出的根据采场不同的开采边界、基本顶及上方的岩层破裂后将在采场周围形成的三维结构，可概括为以下四种类型：θ 形、O 形、S 形和 C 形[92,93]。

1. "中间有支撑"的 θ 形空间结构——四面采空的孤岛工作面

因跳采和厚煤层由分层转为放顶煤开采而形成的"四面采空的孤岛工作面"[图 2-13(a)] 的矿压控制问题已经成为当前很多矿井面临的突出问题。由图 2-13(a) 可知，煤柱上除了存在直接顶和基本顶的作用力外，主要的是其上多组覆岩形成的"中间有支撑"的覆岩空间结构的作用力。该多层"中间有支撑"的覆岩空间结构从平面投影上看，像字母 θ 的形状，其运动决定了煤柱的破坏方式和程度。

2. "中间无支撑"的 O 形空间结构——一面采空工作面

此类采场一般为首采面，如图 2-13(b) 所示，四周为实体煤，空间结构的范围与工作面斜长、岩层组成、推进距离等密切相关。根据多个工作面的观测和模拟试验的结果，当工作面推进到一定距离后，最大破裂高度不再扩展，空间结构的尺度参数进入相对稳定阶段。

3. S 形空间结构——两面采空的工作面

两面采空的工作面是指一面为上区段回采后的采空区(与本工作面间仅留 3~5m 的小煤柱护巷)，另一面为本工作面的采空区[图 2-13(c)]。当本工作面的基本顶初次断裂完成后，其上位岩层将与上区段工作面的同层位岩层一起运动，即基本顶的上位岩层将连在一起运动，形成一个 S 形空间结构。该空间结构的运动是导致采空一侧巷道超前支护困难的主要原因。

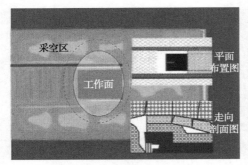
(a) θ形空间结构

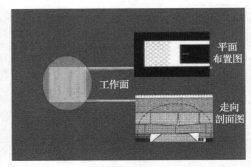
(b) O形空间结构

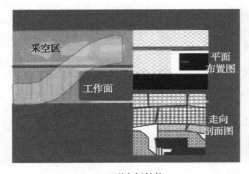
(c) S形空间结构

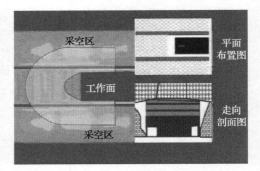
(d) C形空间结构

图 2-13　采场"四层空间"结构力学模型

4. C 形空间结构——三面采空的孤岛工作面

这类采场就是因跳采而留下的孤岛工作面。近年来，综采放顶煤孤岛工作面的平巷支护已经成为十分艰难的课题，一些工作面的超前采动应力影响距离达到了 120m，巷修工程已经成为工作面推进的瓶颈。深部工作面还存在大面积片帮问题。图 2-13(d)给出了该类采场覆岩空间结构的形态。三个采空区基本顶上方的岩层已经连成一片，形成了一个近似 C 形的空间结构。C 形空间结构的大面积运动是孤岛工作面超前采动应力影响距离大于普通工作面 2～3 倍的主要原因。

2.2　采场覆岩与采动应力演化发展规律

采动力学是研究在采掘过程中促使经受过变形、遭受过破坏的煤岩体发生"再"变形和"再"破坏的科学。采动应力是指采后促使围岩向已采空间运动的力，这个力包括已采空间围岩相关岩体中的应力和采动引发的运动岩层在围岩边界(采动空间周壁)上的作用力两个部分。

2.2.1　采场覆岩及采动应力发展变化过程

采场周围岩体中的采动应力是采场覆岩运动作用的结果，其大小与开采深度及采动后暴露的岩层面积有关，其分布和显现是不断变化的[94-97]。采动应力显现不完全取决于压力的大小，而是与承载体的承载能力紧密相连的。理论研究与现场实践证明，从采场推进开始至需控岩层（冒落岩层和基本顶）第一次来压结束期间的采动应力及其显现的变化可以划分为三个阶段，如图 2-14 所示。

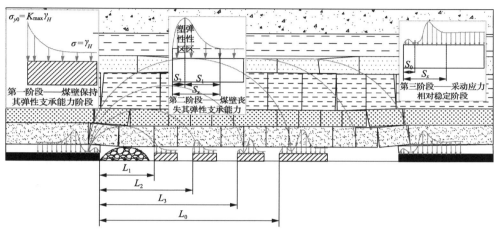

图 2-14　采场覆岩及采动应力发展变化过程

1. 第一阶段——煤壁保持其弹性支承能力阶段

采场从开切眼开始向前推进，随工作面的推进，顶板悬露空间也不断增大，顶板岩层会发生周期性地断裂与运动。采场两侧煤壁通过顶板岩层传递过来的压力也逐步增加，由于煤壁具有一定的硬度与强度，采场在一定的范围内推进，顶板传递过来的压力没有达到煤体破坏的极限之前，如图 2-14 内推进度 L_1 范围，整个煤壁处于弹性压缩状态，采动应力分布表现为一条高峰在煤壁处的单调下降曲线。

在该阶段，采动应力分布范围 S_x 相对较小。煤壁保持其固有的支承能力，采场前方煤壁一直处于弹性变形状态，煤壁不易发生漏顶与片帮现象。该阶段在煤壁处集中的采动应力随采场推进不断增值，但都未达到煤体塑性破坏的限度。

2. 第二阶段——煤壁丧失其弹性支承能力

随采场持续推进，工作面顶板悬露的空间逐渐增加，通过顶板传递至煤壁的压力也逐步增加。随煤壁切向应力的增加，煤壁达到其弹性支承极限，开始发生塑性变形乃至破坏变形。随煤壁支承能力的降低，采动应力的高峰将逐步向煤壁内侧转移，直至达到新的应力平衡，见图 2-14 内推进度 L_2 范围。该阶段从煤壁支承能力开始改变起，到裂断组下位岩梁端部断裂前止。煤层上采动应力的分布将分成两个区间：塑性区（煤体已完全破坏）压力逐渐上升，在弹性区压力则单调下降，弹塑性区的交界处为压力高峰位置。采动应力分布范围 S_x 也由两部分组成，塑性区 S_1 和弹性区 S_2。

在该阶段，在特定的顶板条件下，煤层有可能形成破坏变形带——"内应力场"。

该阶段从裂断组下位岩梁端部断裂起，至岩梁中部触矸止。岩梁端部断裂前夕，在断裂线附近压力高度集中；采动应力从大小上明显划分为两个部分，一个在煤壁与断裂岩梁断裂线之间的切应力降低区，即在裂断线与煤壁之间由拱内已裂断岩梁自重所决定的"内应力场"（$\sigma < \gamma H$），见图 2-14 内推进度 L_3 范围附近。在岩梁断裂线以外，采动应力的分布也分为两个区域，一个为采动应力单调升高区，即常说的塑性变形区；另一部分是压力单调降低区，即弹性变形区。"内应力场"的形成起源于顶板岩层的断裂，所以在采场前方与后方是同时形成的，但是由于采场持续推进，采场前方"内应力场"的变化与后方"内应力场"的变化具有截然不同的规律。

（1）"内应力场"的形成

如图 2-15 所示，在岩梁 A 没有发生断裂前，工作面前方采动应力分布如曲线 1 所示，采动应力的高峰聚集在断裂线 B 点附近，岩梁 A 的夹持着力点也在 B 点。在岩梁 A 断裂的瞬间，采动应力发生快速转变，以 B 点为分界线，采动应力分化成两个峰值分别向相反的方向转移，前方转移到 C 点，后方转移到 D 点。依上所述，C 点为采动应力外侧（"外应力场"）弹塑性区的分界点，D 点为采动应力内侧（"内应力场"）压力高峰。随岩梁 A 从初次断裂到运动停止，采动应力分布也由曲线 2 慢慢变化到曲线 3 的状态，峰值也会经历 B、C、E 的变化过程。此时，在工作面前方煤壁与开切眼后方煤壁都会发生类似的变化。

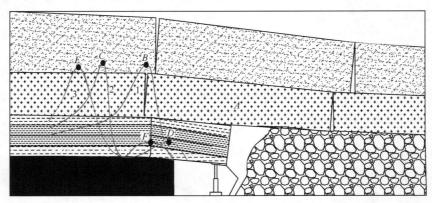

图 2-15　"内应力场"的形成过程

（2）工作面前方煤壁采动应力发展变化规律

"内应力场"形成后，在工作面前方会形成图 2-15 中 1 所示的曲线，但是由于工作面在持续推进，"内应力场"会不断地缩小。由于采空区在持续地增加，通过顶板岩梁传递到煤壁的压力也在不断增加，采动应力"外应力场"的高峰持续向外侧转移，采动应力的分布范围在一定推进距离下也持续增加。曲线 1、2、3 表明了随工作面推进，"内应力场"从有到无、"外应力场"逐步转移的过程。

当岩梁再次发生裂断，工作面前方又会形成一个新的"内应力场"。随工作面推进，新的"内应力场"消失，工作面前方存在这样一个"内应力场"形成、消失循环往复的变化过程。

（3）开切眼后方"内应力场"的变化规律

关于开切眼后方的"内应力场"，其在形成之后，由于没有煤壁推进影响，因此在没有上位岩梁再次裂断的情况下，"内应力场"的大小与范围不会有较大变化。

（4）"内应力场"的推导

"内应力场"计算的依据是沿采空区四周煤体上"内应力场"范围内分布的垂直采动应力等于"裂断拱"顶部岩层裂断后，拱内岩层传递到该范围内的重力。由图 2-16 有：

$$\frac{1}{2}S_0 \frac{K_{max}\gamma H S_0}{S_1} = \frac{H_g C_i \gamma}{2} \tag{2-2}$$

式中，S_0 为"内应力场"范围，m；C_i 为基本顶岩梁周期来压步距，m；K_{max} 为应力集中系数；H 为采深，m；S_1 为采动应力高峰位置距煤壁的距离，m；H_g 为裂断拱高度，m；γ 为岩层容重，kN/m³。

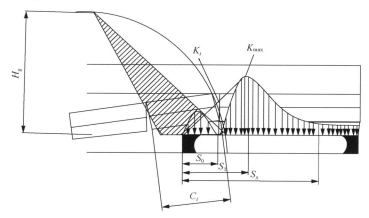

图 2-16　采动应力计算模型

由式(2-2)求解得"内应力场"范围的计算公式：

$$S_0 = \sqrt{\frac{C_i H_g S_1}{K_{max} H}}$$ (2-3)

当基本顶第一次来压时，$S_0 = \sqrt{\dfrac{0.5 C_i H_g S_1}{K_{max} H}}, i = 0$。

3. 第三阶段——相对稳定阶段

采动应力相对稳定阶段又可以进一步细分为两个阶段。

(1)采动应力稳定第一阶段——采场煤壁前方与开切眼后方相对稳定

当采场推进到采场倾斜长度时，按照普氏自然平衡拱原理，在采场上方会形成一个相对稳定的结构拱，该结构拱把拱上方的岩石重力通过拱圈线传递到拱脚处。由于此刻采场倾斜长度与推进长度相等，因此从空间结构上为一个类半球体，如图2-17所示。此时，采场四周形成一个均匀的采动应力条带，在不考虑推进速度影响的前提下，A条带与B条带随采场推进不会发生太大变化，趋于稳定阶段。该阶段的稳定称为采动应力稳定第一阶段。

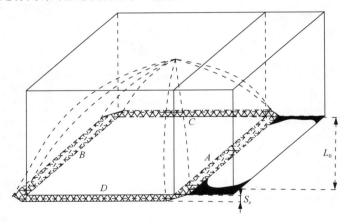

图 2-17 采动应力稳定第一阶段

对于C条带与D条带，随采场推进，A、B边分别向前后推移，两侧条带会发生变化，形成采动应力的第二次稳定。

(2)采动应力稳定第二阶段——采场边界相对采动影响的稳定阶段

当采场继续向前推进时，平衡拱的拱脚实现了转移，在采场前端与后端（图2-18中的A与B）保持其原有拱受力结构，所以条带A与条带B在条带的大小上、应力的高低上基本保持不变。但是对于两侧的条带，由于A与B距离的拉大，不能保持对上覆所有岩层共同承载作用，超过其承载范围的岩石重力会向采场两侧的煤体转移，即从采动应力发展变化来进行分析，在采场两侧采动应力会向条带 E、F 的方向发展，最终达到其新的稳定状态。

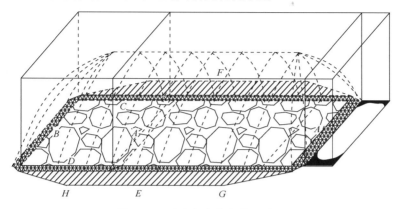

图 2-18　采动应力稳定第二阶段

据工程实践及相似材料模拟得知，当采场推进距离该点 0.75～1 倍工作面长度时，采场基本稳定，即图 2-18 中 G 点距离采煤工作面的距离为 0.75 倍采场倾斜长度。相应地，按照类比原理，H 点距离开切眼距离也为 0.75 倍采场倾斜长度。

4. 采场覆岩采动应力发展变化规律

在实际的采煤工作中，采动应力一般经历三个发展阶段，但是在煤层埋藏比较浅，煤层强度比较大，顶板相对比较软的地层中，不一定有第二阶段中"内应力场"的出现；或者对工作面进行强化支护，顶板岩梁也可能在支架末端或煤壁处断裂。根据采场矿压的研究成果，煤壁上的采动应力状态有两种情况，如图 2-19 所示。

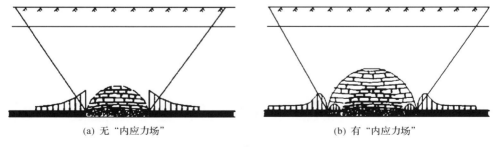

(a) 无"内应力场"　　　　　　　　　(b) 有"内应力场"

图 2-19　采动应力分布

1)无"内应力场"。当煤壁上各点的应力没有达到煤体的破坏极限时，煤壁处于弹性压缩状态，采动应力曲线将是一条高峰在煤壁处单调下降曲线。

2)有"内应力场"。当煤壁附近的应力值达到煤层的强度极限时，随着煤体的破坏，其承载能力降低，煤壁附近的压力高峰将向煤体深部转移，采动应力分布区间分成弹性区和塑性区。此后发生的岩梁裂断将采动应力以断裂线为界明显分为两个部分，即"内应力场"（断裂线与煤壁之间由已裂断岩梁自重决定）和"外应力场"（断裂线外由应力拱内覆岩载荷重力决定）。

同时，由前述内容可知，煤层开采后，覆岩产生裂断破坏，这种破坏并不是无限制地向上发展，而是在到达一定高度时停止，形成"裂断拱"。"裂断拱"以上的岩梁不仅与拱内的岩梁存在着力的联系，而且与两端的拱基存在着力的联系，在开采宽度较小的情况下，如果拱上方有刚度较大的岩梁，即"支托层"，则该岩梁挠度很小，"裂断拱"上方的岩梁将作用力传递至两侧煤壁上方的岩体中，这时"裂断拱"内岩梁不受上覆岩层压力的作用，如图2-20所示；如果"裂断拱"上方"支托层"刚度较小，即该岩梁挠度很大，工作面在采场见方后继续推进，在上覆岩层作用下，"支托层"将逐渐弯曲，一部分沉降至"裂断拱"内岩梁上，此时作用力将分为两部分，一部分传递至两侧煤壁上方的岩体中，一部分由拱内岩梁承担，如图2-21所示。

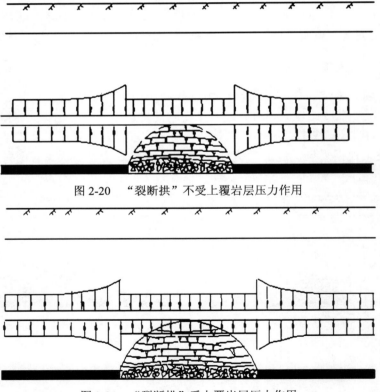

图 2-20　"裂断拱"不受上覆岩层压力作用

图 2-21　"裂断拱"受上覆岩层压力作用

采场采动应力分布是一个立体结构，工作面推进速度对其有一定影响，特别是在采场埋深、工作面支护及开采强度逐年增加的背景下，针对不同矿区条件，应用科学的态度，辩证地、动态地看待采动应力分布及演化。

2.2.2　层面采动应力分布形态

层面采动应力（煤体和矸石上）分布规律是进行底板巷道矿压控制的基础。在以"岩层运动为中心"的实用矿山压力理论体系指导下，分析采场沿推进方向和平行工作面方向上的应力演化过程。

1. 沿推进方向上的采动应力分布规律

正常推进过程中，推进方向上的采动应力分布规律如图 2-22 的实线所示，工作面前方煤体上有超前压力作用。工作面后方采空区压力单调上升，工作面后方一定距离覆岩活动稳定后，采空区压力上升到原始应力。

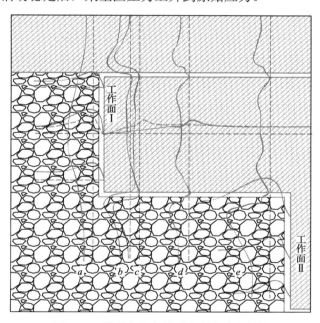

图 2-22　推进方向上的采动应力分布规律

采场上覆岩层除直接顶外，各岩层一端由煤体支撑，一端由采空区矸石支撑，在推进方向上保持着传递力的联系。正常推进过程中，工作面后方覆岩活动是自下而上发展的，上部岩层或者与下部岩层同时运动，或者滞后于下部岩层，各组岩层之间处于离层状态或不全部传递岩重的接触状态，自下而上各组岩层的后支撑点是一个滞后一个地排列的，因而工作面后方采空区压力是单调上升的。除短工作面、大深度的开采地质条件外，工作面后方覆岩活动稳定后采空区压力上升到原始应力。

工作面开采后，在覆岩活动稳定过程中，基本顶上覆各组同时运动的岩层随弯曲沉降悬跨度减小，采空区中的支撑点向煤壁方向移动，甚至进一步组合，采空区支撑点重叠。在覆岩活动过程中，基本顶岩梁触矸点外侧压力不断上升，稳定后基本顶岩梁触矸点外侧会形成一个高于原始应力的压力峰，而前方煤体上的压力降到最低，此时推进方向上的采动应力分布规律如图 2-22 中虚线所示。

2. 平行工作面方向的采动应力分布规律

平行工作面方向的采动应力分布规律将经历以下六个阶段：

1) 超前压力阶段：在工作面前方煤体上分布着较大的采动应力，对于两侧为实体煤的工作面，从顺槽到工作面中部，顶板受两侧煤体的支承作用逐渐减小，因而超前压力逐渐增大，在工作面中部达到最大，如图 2-22 中的 a 所示；对于一侧采空的工作面，由实体煤端到采空区端超前压力是逐渐增加的，如图 2-22 中的 e 所示。

2) 相对稳定阶段：从工作面煤壁到工作面后方岩梁端部裂断前，岩梁处于相对稳定阶段，煤体上的压力呈一单峰曲线；由于基本顶岩梁未发生显著运动，采空区只承受直接顶冒落矸石重力，压力很小，如图 2-22 中的 b 所示。

3) 显著运动阶段：从基本顶岩梁端部裂断开始到来压完成。煤体上采动应力分布随基本顶岩梁显著运动的发展而明显变化，其主要特征如下：

岩梁裂断完成后，以裂断线为界应力场分为两部分，即在断线与煤体边缘之间，由已裂断岩梁自重决定的"内应力场"，以及裂断线外侧由上覆岩层整体重力决定的"外应力场"，此时两个应力场的压力分布如图 2-22 中的 c 实线所示；当基本顶梁下沉触矸后，"内应力场"基本达到稳定，压力分布如图 2-22 中的 c 虚线所示，基本顶岩梁触矸后，采空区压力有所增加。

由此可见，低应力区在岩梁裂断后形成，在岩梁回转触矸后基本达到稳定，低应力区的范围就是岩梁裂断线到煤体边缘之间，低应力区的范围和稳定的时间是选择巷道位置和开掘时间的依据。

4) 覆岩稳定阶段：基本顶岩梁来压完成后，基本顶上覆岩层不断裂断或弯曲下沉、触矸，"外应力场"的应力不断下降，内应力略有增加，而采空区压力不断上升。当覆岩稳定后，"外应力场"的应力降到最低，采空区中从煤体边缘到采空区方向压力不断增加，且在基本顶岩梁的触矸点外侧形成一个高于原始应力的压力峰，其分布如图 2-22 中的 d 所示。

5) 叠加压力阶段：当临近工作面推进时，在煤层凸角上工作面超前压力与原采动应力产生相互叠加。此阶段"内、外应力场"应力均会上升，由于煤层凸角处特定几何条件，叠加压力峰值的应力集中系数能达到 5～10，如图 2-22 中的 e 所示。

6) 压力恢复阶段：工作面后方一定距离，覆岩活动稳定后，采空区压力恢复到原始应力。

2.2.3　采动应力极限平衡及承载分析

采场推进后，采场周边围岩应力重新分布，周边煤体首先遭到破坏，并逐渐向深部扩展，直至弹性应力区边界。这部分煤体应力处于应力极限平衡状态。由于煤体的泊松比 μ 大于其顶底板岩石的泊松比，煤层与顶底板岩石的交界面的内聚力 C 和内摩擦角 φ 都比煤体内聚力和内摩擦角的值低。开挖后，煤体必然从顶底板岩石中挤出，并在煤层界面上伴随有剪应力 τ_{xy} 产生。煤层界面采动应力计算简图如图 2-23 所示，图中 ABCD 为应力极限平衡区，$\bar{\sigma}_x$ 为 $x = S_1$ 处在煤壁整个厚度上水平应力 σ_x 的平均值，P_x 为支护对煤壁的支护阻力。

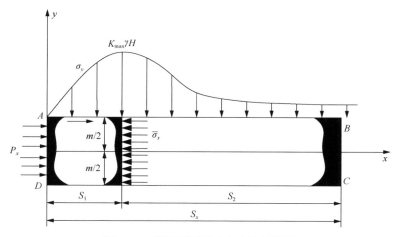

图 2-23　煤层界面采动应力计算简图

1. 基本假设

1) 煤层界面是煤体相对于顶底板岩层的滑移面。滑移面上的正应力 σ_y 与剪应力 τ_{xy} 之间应满足应力极限平衡方程，即

$$\tau_{xy} = \sigma_y \tan\varphi + C \tag{2-4}$$

2) 由于采空区矸石对煤帮的作用力很小，因此可近似认为等于零，即 $P_x \approx 0$。

3) 煤体应力对称于 x 轴。

4) 在应力极限平衡区与弹性区交界处(弹塑性交界处)，即 $x = S_1$ 时的平衡方程为

$$
\begin{aligned}
&[\sigma_y]_{x=S_1} = K_{\max}\gamma H \\
&\bar{\sigma}_x = \lambda[\sigma_y]_{x=S_1} = \lambda K_{\max}\gamma H
\end{aligned}
\tag{2-5}
$$

2. 理论模型求解

用以求解极限平衡区界面应力的基本方程如下:

$$
\begin{cases}
\dfrac{\partial \sigma_x}{\sigma_x} + \dfrac{\partial \tau_{xy}}{\sigma_y} = 0 \\[2mm]
\dfrac{\partial \tau_{xy}}{\sigma_x} + \dfrac{\partial \sigma_y}{\sigma_y} = 0 \\[2mm]
\tau_{xy} = \sigma_y \tan\varphi + C
\end{cases}
\tag{2-6}
$$

根据图 2-23 所示的力学模型，取整个应力极限平衡区的煤体($ABCD$)为分离体，由 x 方向的合力为零，可得如下平衡方程

$$
m\sigma_x - 2\int_0^{S_1} \tau_{xy}\,\mathrm{d}x - P_x m = 0
\tag{2-7}
$$

联立式(2-5)~式(2-7)并求解，可得采场采空区侧煤体采动应力 σ_y 和极限平衡区宽度 S_1 的理论模型，如下:

$$
\begin{aligned}
&\sigma_y = \frac{c}{f}\left(\mathrm{e}^{\frac{2fx}{m\lambda}-1} \right) \\[3mm]
&S_1 = \frac{m\lambda}{2f}\ln\left(\frac{K_{\max}\gamma H f}{C} + 1 \right)
\end{aligned}
\tag{2-8}
$$

式中，σ_y 为煤体上的正应力，MPa；σ_x 为水平应力，MPa；λ 为煤体侧压系数，$\lambda = \dfrac{\mu}{1-\mu}$；$C$ 为煤层与岩石内聚力，MPa；φ 为岩层内摩擦角；f 为煤层界面的摩擦系数，$f = \tan\varphi$；$K_{\max}$ 为应力集中系数；γ 为上覆岩层平均容重，kN/m^3；H 为煤体埋藏深度，m；S_1 为极限应力平衡区(塑性区)，m。

3. 采场见方时采动应力分布范围计算

通过前面分析得知，煤壁前方采动应力影响范围在采场推进到采场倾斜长度时发展到最大，随采场推进，前方采动应力影响范围不再扩大，可建立图 2-24 所示模型。

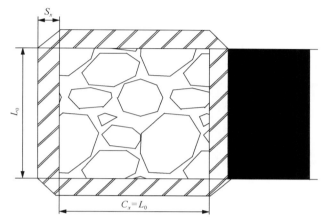

图 2-24　采动应力分布范围在采场见方时示意图

采场推进见方后，采场上方岩层在重力作用下，在采场周边形成一个宽为 S_x 的压力增高带。在忽略老塘矸石承载重力前提下，建立如下方程：

$$(2L_0 S_x + 2C_x \mid_{=L_0} S_x + 2S_x^2) \cdot (K_a - 1)\gamma H = L_0 C_x \mid_{=L_0} \gamma H \tag{2-9}$$

式中，K_a 为应力集中系数的平均值。

化简式 (2-9)，得

$$S_x^2 + 2L_0 S_x - \frac{L_0^2}{2(K_a - 1)} = 0$$

解方程得 $S_x = \dfrac{-2L_0 \pm \sqrt{4L_0^2 + 4\dfrac{L_0^2}{2(K_a - 1)}}}{2}$，舍去负根得

$$S_x = L_0 \left(\sqrt{1 + 1 \Big/ (2K_a - 2)} - 1 \right) \tag{2-10}$$

通过式 (2-10) 得知，采动应力的分布范围与采场倾斜方向的长度、采动应力

平均集中系数相关。

考虑到采场倾角的影响，把式 (2-10) 修订如下：

$$S_{x1} = L_0 \left[\sqrt{1 + 1\big/(2K_a - 2)} - 1 \right](1 + \sin\alpha)$$

$$S_{x2} = L_0 \left[\sqrt{1 + 1\big/(2K_a - 2)} - 1 \right](1 - \sin\alpha) \qquad (2\text{-}11)$$

$$S_{x3} = L_0 \left[\sqrt{1 + 1\big/(2K_a - 2)} - 1 \right] = S_{x4}$$

式中，S_{x1} 为采场下山的采动应力分布范围；S_{x2} 为采场上山的采动应力分布范围；S_{x3} 为采场前方煤壁的采动应力分布范围；S_{x4} 为采场后方煤壁的采动应力分布范围。

4. 采场推进时采动应力影响规律

采场推进长度等于倾斜长度时，工作面上方的"裂断拱"达到最大，如图 2-24 所示，此时采场周边均摊了上覆岩层的重力。通过实践可知，到工作面继续向前推进时，采场前方与开切眼后方的采动应力分布范围变化不大，但是采场两侧由于采场前方煤壁与后方煤壁的远离，支承其上覆岩层的重力会越来越大，直至采场两侧单位长度的煤体全部承担单位长度内上覆岩层的全部重力，如图 2-25 所示。

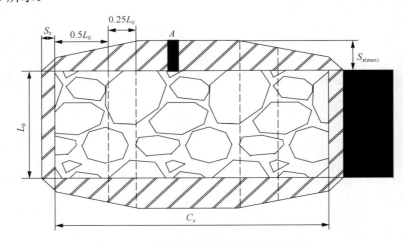

图 2-25　采动应力分布范围后方稳定状态

1) "支托层"刚度较大，"裂断拱"上覆岩层载荷由两侧煤体承担时：

$$[2L_A S_{x(\max)}](K_a' - 1)\gamma H = L_0 L_A \gamma H - \frac{1}{2}\pi\left(\frac{1}{2}L_0\right)H_g \gamma_g L_A$$

$$S_{x(\max)} = \frac{L_0(4H - \pi H_g)}{8(K_a' - 1)H} \tag{2-12}$$

式中，K_a' 为应力集中系数的均值最大值；$S_{x(\max)}$ 为采动应力分布范围最大值；H_g 为结构拱高度；L_A 为来压结束时的岩梁跨度。

2）"支托层"刚度较小，上覆岩层部分荷载作用在拱内岩梁时：

$$[2L_A S_{x(\max)}](K_a' - 1)\gamma H = L_0 L_A \gamma H - Q_{\text{拱}}^1$$

$$Q_{\text{拱}}^1 > \frac{1}{2}\pi\left(\frac{1}{2}L_0\right)H_g \gamma_g L_A \tag{2-13}$$

此时应力高峰位置将减小。式中，$Q_{\text{拱}}^1 = \dfrac{L_0 H_g}{2\gamma H}$ 为常数；K_a' 为应力集中系数的均值最大值；$S_{x(\max)}$ 为采动应力分布范围最大值。

2.3　覆岩破坏结构与采动应力演化关系

在"内应力场"中，开掘和维护的巷道围岩应力来源于受采场采动影响明显运动的上覆岩层运动的作用力。随采场推进进入明显运动的岩层，包括垮落的直接顶(M_Z)和运动中保持传递力联系的基本顶($M_{E1}, M_{E1}, \cdots, M_{EN}$)。参与覆岩运动的岩层基本结构状态和结构参数如图 2-26 所示，该范围内岩层运动作用于"内应力场"煤体上的压力，因基本顶下位岩梁(板)不同运动方式可能出现以下两种分布情况：

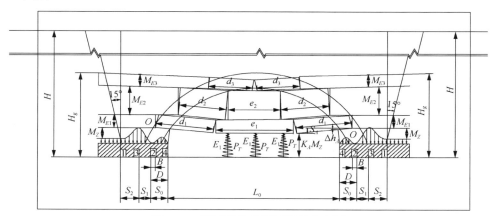

图 2-26　不同部位巷道围岩应力来源

第一种情况：岩梁端部剪切失稳，即图 2-26 中咬合点 O 失去挤压绞接能力。此情况下"内应力场"受压煤体 (S_0) 上的压力 P_{S_0} 及煤层中的垂直应力 σ_S 可以根据基本顶岩梁的重力平衡方程求得。其中，当第一岩梁（下位岩梁）裂断时，其运动重力平衡方程为

$$2\int_0^{S_0} \sigma_S \mathrm{d}s + E_i \varepsilon_i l_1 = 2A + B \tag{2-14}$$

即

$$P_{S_0} = \int_0^{S_0} \sigma_S \mathrm{d}s = \frac{1}{2}[(2A + B_1) - E_i \varepsilon_i e_1] \tag{2-15}$$

式中，$A = m_Z \cdot \gamma_Z \cdot l_Z$，为直接顶作用力；$B_1 = (L_0 + 2S_0)m_{E1}\gamma_{E1}$，为基本顶作用力；冒落碎胀矸石支承反力 $P_T = E_i\varepsilon_i e_1$，相关符号含义分别为：$e_1$ 为基本顶下位岩梁来压裂断中间段的跨度，m；ε_i 为基本顶岩梁触矸后的沉降量（老塘碎胀矸石压缩量），mm；E_i 为冒落碎胀矸石压缩刚度，t/mm·m^2；其中，$e_1 = (L_0 + 2S_0) - (d_1 + d_2)$；$m_Z$ 及 γ_Z 分别为直接顶（冒落岩层）厚度及容重；M_{E1} 及 γ_{E1} 分别为基本顶第一（下位）岩梁厚度及容重；L_Z 及 L_0 分别为直接顶悬跨度及工作面长度。

对于近水平煤层，研究证明当基本顶下位岩梁第一次裂断步距 C_{01} 已知时，下列关系成立：

$$d_1 = d_2 \approx C_{01}$$

基本顶下位岩梁压缩矸石沉降量可由下式表出：

$$\varepsilon_i = S_i - S_A$$

式中，S_i 为基本顶下位岩梁的沉降值，mm；S_A 为基本顶下位岩梁触矸时的沉降值，mm。

可由下式得到：

$$S_A = h - m_Z(K_A - 1)$$

式中，h 为采高；m_Z 为直接顶（冒落岩层）厚度；K_A 为冒落岩层被压缩前的碎胀系数，一般情况下 K_A 取 1.35～1.45。

试验研究证明，碎胀矸石压缩刚度 $E_i = f(S_i)$ 的关系曲线如图 2-27 所示。

近似线性段的压缩刚度方程可由下式表出：

$$E_i = f(S_i) = \frac{E_{\max}}{S_{\max} - S_A}(S_i - S_A) \tag{2-16}$$

式中，$S_{\max}$ 为老塘冒落碎胀矸石处于"极限压缩"状态时，岩梁的最大沉降值可由下式算出：

$$S_{\max} = h - m_Z(K_{\min} - 1)$$

式中，$K_{\min}$ 为处于"极限压缩"状态时，冒落岩层的碎胀系数。从实用出发，$K_{\min}$ 可取 1.05～1.15。

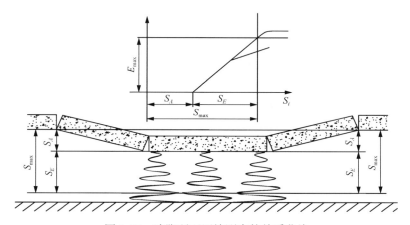

图 2-27　碎胀矸石压缩刚度的关系曲线

由此可得出岩梁沉降过程中的支承反力 P_T 值的表达式为

$$P_T = E_i \varepsilon_i e_1 = \frac{E_{\max}}{S_{\max} - S_A}(S_i - S_A)(S_i - S_A)e_1 = \frac{e_1 E_{\max}}{S_{\max} - S_A}(S_i - S_A)^2$$

由此表达式为

$$P_T = C(S_i - S_A)^2 \tag{2-17}$$

式中，$C = \dfrac{e_1 E_{\max}}{S_{\max} - S_A}$。

将所列结果代入式(2-15)，则得出基本顶下位岩梁裂断作用在"内应力场"煤体上的压力方程——"岩梁位态方程"的表达式，如下：

$$P_{S_0} = \int_0^{S_0} \sigma_S \mathrm{d}s = \frac{1}{2}[(2A + B_1) - C(S_i - S_A)^2] \tag{2-18}$$

如果假设"内应力场"受压煤体应力均匀分布，则：

$$P_{S_0} = \sigma_{sp} S_0 = \frac{1}{2}[(2A + B_1) - C(S_i - S_A)^2]$$

由此得"内应力场"煤体上的平均垂直压应力的表达式为

$$\sigma_{sp} = \frac{1}{2S_0}[(2A + B) - C(S_i - S_A)^2] \qquad (2\text{-}19)$$

基本顶岩梁位态方程如图 2-28 所示。

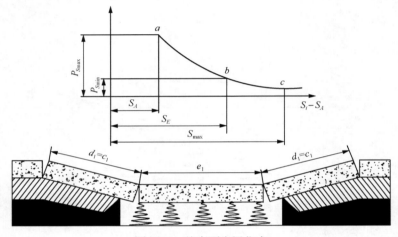

图 2-28　基本顶岩梁位态

当 $S_i = 0 \rightarrow S_i = S_A$ 时：

$$P_{S_0} = P_{S\max} = A + \frac{B}{2}$$

当 $S_i = S_{\max 1}$ 时：

$$P_{S\min} = A$$

式中，$S_{\max 1}$ 为下位岩梁单独运动至进入"最终"稳定状态时，触矸处（A 点）的沉降值。

当岩梁沉降至该位态时，"内应力场"煤层上只承受了"直接顶"的重力，即

$$P_{S_0} = \frac{1}{2}[(2A + B_1) - C(S_i - S_A)^2] = A$$

由此可求得 $S_{\max 1}$ 的值为

$$S_{\max 1} = \sqrt{\frac{B_1}{C}} + S_A \tag{2-20}$$

式中，$B_1 = m_{E1}\gamma_{E1}(L_0 + 2S_0)$；$C = \dfrac{e_1 E_{\max}}{S_{\max} - A}$；$S_A = h - m_Z(K_A - 1)$。

同理可以求得破坏拱内各岩梁来压沉降时，"内应力场"煤体上的压力位态方程式，以及相应的下位岩梁在触矸处(A)的最终沉降值。其中，当第二岩梁裂断来压时，有

$$P_{S_{02}} = \int_0^{S_0} \sigma_S \mathrm{d}s = \frac{1}{2}[(2A + B_1 + B_2) - C(S_i - S_A)^2]$$

$$\sigma_{sp2} = \frac{1}{2S_0}[(2A + B_1 + B_2) - C(S_i - S_A)^2]$$

$$S_{\max 2} = \sqrt{\frac{B_1 + B_2}{C}} + S_A$$

当第 n 岩梁裂断来压时，则有

$$P_{S_{0n}} = \int_0^{S_0} \sigma_S \mathrm{d}s = \frac{1}{2}\left[\left(2A + \sum_1^n B_i\right) - C(S_i - S_A)^2\right] \tag{2-21}$$

$$\sigma_{spn} = \frac{1}{2S_0}\left[\left(2A + \sum_1^n B_i\right) - C(S_i - S_A)^2\right] \tag{2-22}$$

$$S_{\max zn} = \sqrt{\frac{\sum_1^n B_n}{C}} + S_A \tag{2-23}$$

破坏拱范围所有岩层裂断运动实现时，"内应力场"力源的整体运动位态方程及下位岩梁的触矸处的最终沉降值的近似表达式分别为

$$P_S = \int_0^{S_0} \sigma_S \mathrm{d}s = \frac{1}{2}[(2A + B_S) - C(S_i - S_A)^2] \tag{2-24}$$

$$\sigma_{sp} = \frac{1}{2S}[(2A + B_S) - C(S_i - S_A)^2] \tag{2-25}$$

$$S_{\max S} = \sqrt{\frac{B_S}{C}} + S_A \approx S_{\max} \tag{2-26}$$

式中

$$B_S \approx \left[\Pi \left(\frac{L_0 + 2S_0}{2} \right)^2 - (h + m_Z)L_0 \right] \gamma_P \qquad (2\text{-}27)$$

$$S_{\max} = h - m_Z (K_{\min} - 1) \qquad (2\text{-}28)$$

综上分析，可以明显看到，作用在"内应力场"煤体上的采动应力是上覆岩层沉降量的函数。因此，在确定"内应力场"范围（S_0）的同时，弄清上覆岩层的运动发展规律，以此为基础正确选择巷道开掘的位置和时间，尽可能地实现在稳定的"内应力场"中开掘和维护巷道，是控制"内应力场"巷道矿压显现的关键。

第二种情况：破坏拱内上覆岩层运动的全过程中，下位岩梁在端部，即图 2-26 中的 O 点，始终保持传递力的联系。

此情况下，基本顶下位岩梁运动过程中的结构力学模型如图 2-26 所示。此时，"内应力场"煤层上承受的压力应按岩梁运动，由咬含点 0 的力矩平衡方程导出。

$$P_{S_0} = \int_0^{S_0} \sigma_S \mathrm{d}s = A + B \qquad (2\text{-}29)$$

式中，A 为直接顶运动给煤层的压力；B 为基本顶下位岩梁运动给煤层的压力。

用直接顶的重力对 0 点取矩可得直接顶运动（包括自身运动和在基本顶下位岩梁强迫下运动），给煤层的压力 A 为

$$A = \int_0^{S_0} \sigma_{SA} \mathrm{d}s = m_Z \gamma_Z \frac{l_Z^2}{S_0} = m_Z \gamma_Z f_Z \qquad (2\text{-}30)$$

式中，$f_Z = \dfrac{l_Z^2}{2l_S}$ 为力矩系数；m_Z、L_Z、γ_Z 分别为直接顶厚度、悬跨度和容重；l_S 为煤层采动应力合力作用点距梁端（0 点）距离。

$$P_{S_{0A}} = \int_0^{S_0} \sigma_{SA} \mathrm{d}s = \sigma_A S_0$$

$$l_S = \frac{S_0}{2}$$

$$f_Z = \frac{l_Z^2}{2 \dfrac{S_0}{2}} = \frac{l_Z^2}{S_0}$$

由此得直接顶的压力及平均应力分别为

$$A = m_Z \gamma_Z \frac{l_Z^2}{S_0} \tag{2-31}$$

$$\sigma_{AP} = m_Z \gamma_Z \frac{l_Z^2}{S_0^2} \tag{2-32}$$

如 $l_Z = S_0$ ，则：

$$A = m_Z \gamma_Z S_0$$

$$\sigma_{AP} = m_Z \gamma_Z$$

基本顶下位岩梁运动的力矩平衡方程为

$$\int_0^{S_0} \sigma_{SB} \mathrm{d}s l_S + \frac{d_1}{2} E_i \varepsilon_{1i} e_1 = \frac{1}{2} m_{E1} \gamma_{E1} e_1 d_1 + \frac{1}{2} m_{E1} \gamma_{E1} d_1 d_1 \tag{2-33}$$

由此得基本顶下位岩梁运动作用在"内应力场"煤层上的压力 B_1：

$$B_1 = \int_0^{S_0} \sigma_{SB} \mathrm{d}s = \frac{m_{E1} \gamma_{E1} d_1}{2l_S}(e_1 + d_1) - \frac{d_1}{2l_S} E_i \varepsilon_i e_i \tag{2-34}$$

如果假设"内应力场"采动应力均匀分布，则煤层上的采动应力和平均应力分别为

$$B_{P1} = \frac{m_{E1} \gamma_{E1} d_1}{S_0}(e_1 + d_1) - \frac{d_1}{S_0} E_i \varepsilon_{li} e_i \tag{2-35}$$

$$\sigma_{BP1} = \frac{m_{E1} \gamma_{E1} d_1}{S_0^2}(e_1 + d_1) - \frac{d_1}{S_0^2} E_{li} \varepsilon_i e_1 \tag{2-36}$$

式中， M_{E1} 和 γ_{E1} 分别为基本顶下位岩梁的厚度及容重； d_1 为下位岩梁裂断后端部块段跨度。研究证明，在一般顶板条件下， d_1 接近该岩梁的来压步距，即

$$d_1 \approx C_{10}$$

e_1 为下位岩梁裂断后中部块段的跨度，对于近水平煤层：

$$e_1 = (L_0 + 2S_0) - 2d_1$$

S_0 为"内应力场"范围； ε_{li} 为下位岩梁沉降触矸开始到进入稳定状态时，老塘冒落矸石的压缩量，可由下式求得：

$$\varepsilon_{1i} = S_{\max} - S_A$$

其中，

$$S_A = h - m_Z(K_A - 1)$$

$$S_{\max} = h - m_Z(K_{\min} - 1)$$

这里，S_A 为下位岩梁开始触矸时的沉降值；$S_{\max}$ 为下位岩梁进入稳定状态时的岩梁沉降值；K_A 为老塘冒落矸石压缩部的碎胀系数；$K_{\min}$ 为下位岩梁进入稳定状态后老塘冒落矸石碎胀系数；h 为采高。

E_i 为老塘冒落矸石的压缩刚度，如前所述，其具有随压缩增量近似线性增值的特性。在下位岩梁从触矸到进入最终稳定状态，即 $S_{1i} = S_{1\max}$ 时的增值规律可由下式表出：

$$E_i = \frac{E_{\max}}{S_{\max} - S_A}(S_i - S_A) \tag{2-37}$$

将上述分析研究结果代入式(2-28)，经过整理即可得下位岩梁裂断来压作用在"内应力场"压力关系方程——下位岩梁"位态方程"：

$$P_{SP1} = (A_1 + D_1) - C(S_i - S_A)^2 \tag{2-38}$$

式中，

$$A_1 = m_Z \gamma_Z \frac{l_Z^2}{S_0}$$

$$D_1 = \frac{m_{E1} \gamma_{E1} d_1 (e_1 + d_1)}{S_0}$$

$$C = \frac{d_1 e_1 E_{\max}}{S_0(S_{\max} - S_A)}$$

如令 $S_{P1} = A$，则同样可求出下位岩梁单独作用条件下触矸处"最终"沉降值 $S_{1\max}$，为

$$S_{1\max} = \sqrt{\frac{D_1}{C}} + S_A \tag{2-39}$$

以下位岩梁单独运动"内应力场"煤体受力位态方程为基础，不难按力矩平衡条件导出采场上覆岩层总体位态方程的表达式，为

$$P_{SP} = (A + D_n) - C(S_i - S_A)^2 \quad\quad (2\text{-}40)$$

式中，

$$D_n = \frac{\sum\limits_{1}^{n} m_i \gamma_E d_i (e_i + d_i)}{S_0}$$

平均压应力（σ_{SP}）的位态方程表达式为

$$\sigma_{SP} = \frac{P_{SP}}{S_0} = \frac{1}{S_0}[(A + D_n) - C(S_i - S_A)^2] \quad\quad (2\text{-}41)$$

"最终"稳定时下位岩梁触矸处的最终沉降值 $S_{\max}$ 为

$$S_{\max} = \sqrt{\frac{D_n}{C}} + S_A \quad\quad (2\text{-}42)$$

现场实践证明，当工作面长度在 200m 左右的限度范围内，工作面推进到超过工作面长度时，采场上覆岩层中明显运动的岩层，包括直接顶（冒落岩层）和基本顶各岩梁（"裂断拱"内岩层）第一次裂断运动，即基本实现。经过一段时间的沉降和压缩，已冒矸石即可进入相对稳定状态。此时下位岩梁触矸处的沉降值即可以看成达到了明显运动的上覆岩层沉降作用力相对应的平衡极限。与此同时，冒落矸石的压缩刚度（E）也同样达到了与运动的上覆岩层作用力相对应的最大值（$E_{\max}$）。综合兖州放顶煤开采及其他一些深部矿井开采实践成果，对于工作面长度不超过 200m 左右的采场，可以用下式估算采场上覆岩层第一次运动完成时，下位岩梁触矸处的最终沉降值：

$$S_{\max} = h - m_Z(K_{\min} - 1) \quad\quad (2\text{-}43)$$

式中，h 为采高；m_Z 为直接顶（冒落岩层）厚度；$K_{\min}$ 为下位岩梁进入稳定状态时，老塘冒矸石压实后的最小碎胀系数。

根据有关研究实践，从实用的角度 $K_{\min}$ 可取 $1.05 \sim 1.1$。将所得结果代入式（2-42），可求得老塘冒落矸处的最大压缩刚度值，即使

$$S_{n\max} = \sqrt{\frac{D_n}{C}} + S_A = S_{\max}$$

$$\sqrt{\frac{D_n}{C}} = S_{\max} - S_A$$

$$C = \frac{D_n}{(S_{\max} - S_A)^2}$$

$$C = \frac{d_1 e_1 E_{\max}}{S_0 (S_{\max} - S_A)}$$

即可近似求得老塘冒落矸石的最大压缩刚度：

$$E_{\max} = \frac{D_n S_0}{d_1 e_1 (S_{\max} - S_A)} \tag{2-44}$$

式中，

$$D_n = \frac{\sum_1^n m_{Ei} \gamma_{Ei} d_{Ei} (e_{Ei} + d_{Ei})}{S_0}$$

$$S_A = h - m_Z (K_A - 1)$$

$$S_{\max} = h - m_Z (K_{\min} - 1)$$

基本顶裂断来压沉降的全过程中，"内应力场"范围 (S_0) 的煤层将在相应岩梁的压力作用下被压缩，其压缩量将随下位岩梁沉降量 S_i 增加而增加，一直到下位岩梁进入"相对稳定"状态为止。其中，下位岩梁单独运动时，"内应力场"煤层上最大压缩变形采用重力平衡位态方程推测：

$$\Delta h_{1\max} = \Delta h_{1A} + \Delta h_{1\varepsilon} = \frac{S_0 S_{1\max}}{d_1} \tag{2-45}$$

式中，

$$S_{1\max} = \sqrt{\frac{B_1}{C}} + S_A$$

代入得

$$\Delta h_{1\max} = \frac{S_0}{d_1} \left(S_A + \sqrt{\frac{B_1}{C}} \right) \tag{2-46}$$

同理可以采用力矩平衡位态方程引导求出：

$$\Delta h_{i\max} = \frac{S_0}{d_1} \left(S_A + \sqrt{\frac{D_1}{C}} \right) \tag{2-47}$$

基本顶全部岩梁裂断运动时，"内应力场"煤体最大压缩量采用重力平衡力矩

平衡位态方程推算的近似值分别为

$$\Delta h_{\max} = \frac{S_0}{d_1}\left(S_A + \sqrt{\frac{\sum\limits_1^n B_1}{C}}\right) \tag{2-48}$$

$$\Delta h_{\max} = \frac{S_0}{d_1}\left(S_A + \sqrt{\frac{D_n}{C}}\right) \tag{2-49}$$

　　在构造应力的作用下，顶板屈曲破坏将由下向上逐层向上发展，一直到因悬跨度的减少，能够在轴向压力作用下保持稳定的岩层为止。巷道顶板由分层厚度不大、强度不高的岩层组成。鉴于各岩层悬跨度由下而上逐渐变小，因此顶板破坏范围一般呈拱状，进而我们在考虑支护设计时，可以将其简化为半圆形进行分析。

　　对于存在构造应力的原始应力场，巷道顶板破坏充分实现，构造应力释放之后，上覆岩层的自重应力将发挥作用。在重力作用下的巷道两帮破坏将遵循单一重力场的破坏规律，相应的支护设计可以按同样的程序进行。

　　在回采工作面形成采动应力高峰区开掘和维护巷道，巷道顶板控制和支护设计的关键同样是首先要正确地确定两帮破坏的深度和相应的顶板破坏范围，然后以此为基础进行巷道支护设计。在"内应力场"开掘和维护巷道控制矿山压力显现(包括围岩变形量、支护阻抗力及变形量的控制)的关键包括以下三个方面：首先合理选择巷道开掘的位置。显然，在已确定出"内应力场"范围，即已进入破坏的煤带宽度(S_0)的基础上，尽可能把巷道开掘在"内、外应力场"分界线处。也就是说，如果不考虑回收率，在"内应力场"开掘巷道，还是留煤柱宽度大一些好，以便把护巷煤柱上承受的压力及相应的变形量减少到最低限度。当然，如果在"内应力场"进入完全稳定后开掘巷道，只要在"内应力场"中所留巷道煤柱的宽度保证不出现老塘漏风等情况，小一点也不是问题[98,99]。其次，正确确定巷道开掘的时间。保证在回采工作面推进到一定距离和时间后再开始"内应力场"中掘巷，并始终把滞后的距离和时间保持在能实现在稳定的"内应力场"开掘和维护巷道的目标，是控制巷道变形破坏的关键。这点从上述"内应力场"煤层条带的应力和变形的研究，包括相关位态方程所表达的关系，已经得到明确的论证。最后，根据选定的巷道开掘维护时间及可能经历的"内应力场"受力变形发展过程正确地有针对性地进行支护设计。

　　随采场推进，两侧将出现"内应力场"范围煤层承受的压力及相应的压缩变形发展过程，如图 2-29 所示。

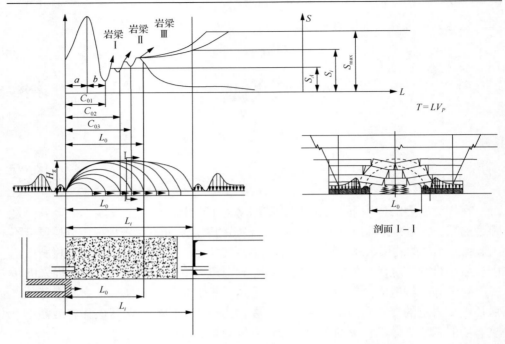

剖面 I – I

图 2-29　采场推进"内应力场"范围煤层压力和压缩过程

第3章 采动应力场时空演化机制

随开采深度增加，煤体自重应力、构造应力和采动应力相互叠加，在采场形成了极为复杂的受力情况，导致岩石物理力学特性发生了一系列变化，并表现出明显的强扰动特征。有关岩体力学科学与工程的若干问题由量变逐渐发生质的变化，煤岩体在变形破坏程度和变形破坏方式与浅部有了比较大的不同，现有的适用于浅部开采相关理论和巷道支护方法在深部的工程实践中遇到了问题，资源开采极端困难，并导致矿井重大安全事故危险性增加，严重威胁矿井的安全生产。因此，有必要探究深部采场时空演化规律及煤岩体的损失演化力学特征。

3.1 煤炭深部开采界定

如何确定煤炭开采的深部，前人研究已从多角度给出不同的诠释。"深部"是一种由地应力水平、采动应力状态和围岩属性共同决定的力学状态，深部采煤环境与浅部比较可概括为"三高"（高地应力、高地温、高岩溶水压）和深部岩体工程响应"三强"（强流变性、强湿热、强动力灾害）特点[100,101]。此时，深部工程岩体具有非线性变化的力学特点，现有的线性力学系统理论与技术部分或全部失效，深部工程围岩控制可基于岩体力学特性与工程特性，采用难度系数和危险指数作为稳定性难易程度的评价指标[102]。目前，深部开采的界定方式分别从地应力场特征深度、开采绝对深度、开采煤岩体地应力环境、开采引发的灾害程度和方式、巷道支护及维护成本和岩体力学状态等角度，由表及里地诠释了深部开采的特点，提出了深部开采理论与实践的针对性解决方案。科学界定深部是深部开采理论发展与技术实践的重要问题，探讨适于我国煤炭现代开采实践的深部开采界定方法具有重要意义。为此，张建民教授[12]综合考虑我国煤矿矿区深部岩石、地下水环境和现代开采方式，将区域应力场与采动应力场分析相结合，基于我国地壳浅部、煤矿矿区深部准静水应力状态分析，进一步研究我国煤矿矿区的深部界定、基于不同矿区煤岩状态（岩性及组合、含水性等）差异的相对深部界定和开采时动态深部区确定方法。

3.1.1 深部煤炭开采

深部力学状态显现是煤炭开采由浅部进入深部的基本条件，高地应力环境和原岩非线性力学响应是深部力学状态的基本特征。因此，与浅部煤炭开采相比，深部煤炭开采指在高地应力环境且具有采动非线性力学响应的煤岩体空间的采矿活动。其内涵主要包括：

1) 深部开采是原岩处于深部高地应力状态下的采矿活动。高地应力状态是深部应力状态的基本特征。目前东部主要矿井平均开采深度已达到 800～1000m，而西部矿区也由 100～300m 逐步进入 400～700m。相对浅部开采，不同区域开采向较大深度转移时逐步进入高地应力环境。此时，原岩应力状态由构造应力为主逐步转向以垂直应力为主，当进入二向等压的三轴压缩应力状态时(或准静水应力状态)进入深部应力状态[103]。

2) 深部开采是采动煤岩出现显著非线性力学响应特征的采矿活动。采动煤岩非线性响应是深部与浅部力学状态的动态特征差异。深部状态下煤岩力学响应由完全弹性形变过渡到脆塑性形变——塑性流动状态，开采中出现塑性大变形、动力灾害、围岩大规模动力失稳等非线性力学现象。与浅部开采相比，弹性形变、脆塑性形变、塑性形变现象共存，传统线性理论与方法解释困难。

3) 深部开采过程也是采动耦合作用与煤岩力学状态时-空演化过程。采动煤岩初始状态反映了采动煤岩静态属性和力学状态，采动耦合状态反映了煤岩的动态属性和力学状态，采动煤岩力学状态变化与深度、原岩岩性组合和采动源参数都相关。与浅部开采相比，不仅采动煤岩初始状态时处于准静水压力环境为深部开采，而且在开采过程中出现深部力学状态的空间也视为深部区域，此时显现的动态高应力区和煤岩非线性力学响应也需用深部开采理论与方法解释[12]。

因此，根据我国煤矿矿区分布和煤岩体岩性组合特点[104-107]，可将深部开采划分为中东部深部开采和西部深部开采，前者主要成煤期为石炭—二叠纪，含煤岩系主要是二叠系山西组和石炭系太原组等；后者主要成煤期为侏罗纪，含煤岩系主要是侏罗系延安组。

3.1.2 深部判断准则及确定方法

1. 判断准则

深部力学状态作为判定开采进入深部的主要标志，并基于试验测定或深部岩石原位测试确定特征深度是深部开采理论研究的重要突破。深部状态与区域地应力水平、开采地质环境和采动力学行为密切相关，而矿区地应力研究的采样随机性和样本离散性使矿区范围深部界定具有局限性。基于我国地壳浅部和煤矿矿区应力场变化趋势确定区域深部，同时结合采动区岩性组合特点和采动耦合力学时-空响应变化规律确定采动区深部，从而界定开采是否进入深部是合理的。

我国地壳浅部区域应力场研究主要是基于沉积岩、岩浆岩和变质岩三大类岩性的地应力测试数据。其原岩侧压系数 K_H、K_h、和 K_{aV}(最大水平主应力、最小水平主应力和水平平均主应力与垂直主应力之比)与深度间统计分布规律[108]表明(图 3-1),浅部 K_H 和 K_h 变化范围较大,意味着局部以构造应力为主;随深度增加,实测值相对收敛。

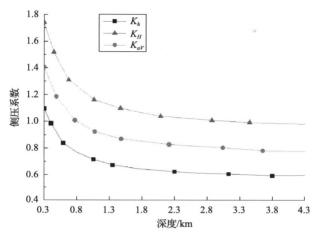

图 3-1　我国地壳浅部区域侧压系数变化趋势[12]

　　由于 K_{aV} 综合了原岩三轴应力参数,反映了平均水平应力与垂直应力的关系, $K_{aV} \approx 1$ 时近似体现了原岩三轴应力关系处于准静水应力状态。因此,在目前可测和可采深度范围内,基于深部准静水压力环境和 K_{aV} 参数作为判断煤炭开采是否进入深部的准则是合理和适用的。同时,参照我国煤矿矿区平均地应力水平和研究矿区煤系地层的局部地应力水平差异性,区别界定深部的具体范围是必要的。

2. 确定方法

　　深部力学状态分为静态状态与动态状态,前者是深部原岩状态下基本物理特性的综合显现,后者则是原岩与采动源耦合作用时的动态显现。根据深部判断准则,可基于静态和动态力学状态时 K 是否达到准静水应力状态确定开采是否进入深部和临界深度。

　　(1)静态(无开采扰动)深部确定

　　静态深部是指开采系统为静态时($t=0$)具有深部力学状态显现的区域 V_m^0 , H_m 为深部的临界深度,该区域原岩称为深部原岩。其深部力学状态函数为

$$K_{aV}^0 = f_S(x,y,z,\sigma,F)|_{Z>H_m}$$

　　在深部区域 V_m 外原岩应力场以水平构造应力为主,显现为浅部状态;在深部

区域 V_m 内的原岩应力场显现为深部准静水应力状态。

静态深部区域界定时，原岩参数 F 是主要影响因素，即原岩成分及物理性质、岩性组合和岩层含水性对界定深部状态有重要影响。依据我国煤矿矿区应力场统计规律，结合东部煤炭开采实践，我国煤矿矿区选择在 $K_{aV}\approx1$ 附近且随深度相对变化约小于 10^{-4}/m 的深度 850～900m 为参考深部临界深度 H_m。而在具体开采区域，符合深部状态的实际深部临界深度 H_S（或视深部临界深度）与采动区原岩和区域岩石组合及物性差异有关。

(2) 动态（开采扰动时）深部确定

动态深部是指开采系统为动态时 ($t>0$)，原岩在开采扰动耦合作用时深部力学状态显现 (K_{aV} 趋近于 1.0) 的空间区域 V_m，深部力学状态函数可表达为

$$K_{aV}^1 = f_S(x,y,z,\sigma,F,C)\Big|_{Z>H_m}^{K_{aV}\approx1}$$

深部区域 V_m 包括静态深部区域 V_m^0 和动态深部区域 V_d，在 V_m 外侧压参数 $K_{aV}>1$ 时，原岩与采动耦合的应力状态显现为浅部状态，应力场以水平构造应力为主；在 V_m 内，原岩物性参数 F 和采动源参数 C 共同决定了应力场状态及深部范围 V_d。

若设 K_{aV}^R 为受区域（煤矿矿区）应力场控制的原岩应力状态，ΔK_{aV}^c 为采动耦合作用产生的采动增量，则采动应力场状态函数（采动影响范围"内应力场"状态函数）ΔK_{aV}^s 为

$$K_{aV}^s = K_{aV}^R + \Delta K_{aV}^c$$

此时，$\Delta K_{aV}^c>0$ 的区域显示浅部力学状态，采动耦合作用区构造应力增强或垂直应力相对下降，以构造应力为主；在 $\Delta K_{aV}^c<0$ 且 $H_S>H_m$ 区域 $[K_{aV}^s(x,y,z)=K_{aV}^R(x,y,H_m)]$，采动耦合作用出现水平构造应力降低或垂直应力增大现象，局部也可出现符合深部力学状态的区域。

3. 深部开采界定研究进展

康红普[109]对煤炭科学研究总院开采设计研究分院多年来采用小孔径水压致裂地应力测量装置获得的 20 余个矿区、395 个测点的地应力测量数据进行了总结，研究了深部与浅部地应力分布特征，认为我国浅部岩层（埋藏深度小于250m）构造应力占明显优势，地应力状态为 $\sigma_H>\sigma_h>\sigma_V$，$\sigma_H/\sigma_V$ 取值为 1.5～2.5。中等埋深矿区（埋藏深度为 250～600m）的地应力状态一般为 $\sigma_H>\sigma_V>\sigma_h$，$\sigma_H/\sigma_V$ 取值为 1.0～2.0。埋深超过 600m，一般垂直应力占优势，地应力状态为

$\sigma_V > \sigma_H > \sigma_h$，$\sigma_H / \sigma_V$ 取值为 0.5～1.5；但受地质构造影响明显的矿区，地应力仍可能是以构造应力为主，处于 $\sigma_H > \sigma_V > \sigma_h$ 状态。

当采掘工作进入了深部后，岩石所处的环境发生了明显变化，其力学性质也随之会发生很大变化。随着岩石埋深的增加，岩石所受的原岩应力也随之增大，甚至会超过岩体本身的单轴抗压强度；同时深部岩体内留有构造运动的痕迹，蕴藏着较高的应力场。另外，由于巷道开挖和煤层开采引起的应力集中也会使围岩内部应力增大，甚至可能远大于原岩应力。与浅部岩体的力学性质相比，深部岩体的力学性质发生了很大的改变[110-112]。深部开采与浅部开采的最主要区别在于深部岩石所处的特殊环境，即"三高一扰动"的复杂力学环境。深部高应力环境是深部资源开采工程灾害的决定性因素。

基于浅部开采条件下建立起来的变形体力学理论(连续体理论)都遵循一个基本假设，即物体是连续的，也就是假设整个物体的体积都被组成这个物体的物质微元连续分布占据。在此前提下，物体运动的一些物理量，如应力、形变、位移等才可能是连续变化的，才能用坐标的连续函数来表示它们的变化规律。但是，在深部工程中，上述定义的极限情况实际上是不存在的。因为岩石到晶粒尺寸范围已出现不连续性，而趋于比晶粒或分子间距小的某一值。理论上的应力是某点的应力，物质世界的应力都是某一微元的平均应力，且岩体本身包含有许多微裂隙、空穴、节理，材料组织具有非均匀非连续性。这就表明，在深部岩体力学领域，不能原封不动地借用经典理论力学的连续性假设和定义，用连续介质力学理论来分析高度非连续介质的深部岩体力学问题，必须考虑假设的合理使用范围和各物理量的适用定义。

谢和平[113]指出，由于深部岩体典型的"三高"赋存环境的本真属性及资源开采"强扰动""强时效"的附加属性，导致深部高能级、大体量的工程灾害频发，机理不清，难以预测和有效控制，传统岩石力学和开采理论在深部适用性方面存在争议。其根本原因在于，进入深部以后，岩体材料的非线性行为更加凸显，岩体原位应力状态与地应力环境作用更加凸显，现有岩石力学理论都建立在基于静态研究视角的材料力学的基础上，已滞后于人类岩土工程实践活动，与深度、工程活动及深部原位环境不相关。

张建民[12]通过实际深部临界深度与参考深部临界深度比较表明，中东部矿区接近该深度，西部偏小。我国东、中、西典型矿区实际深部开采临界深度比较研究表明，与我国煤矿矿区获得的参考深部开采临界深度相比，东部矿区偏深；中部矿区深度相近；西部(陕、蒙等)地下水丰富的矿区偏浅，在 500～600m 即可达到实际深部开采临界深度，采深 400～500m 时大采高工作面两端外侧局部也显现深部力学状态。

3.2　煤岩损伤演化特征研究

3.2.1　煤岩损伤破坏机理分析

煤岩体是由多种大小各不相同的矿物颗粒组成，并通过一定的胶结物质黏结在一起而成的非均质体，尤其是煤体是一种多孔介质，其中包含各种尺寸的原生孔洞、裂纹等缺陷及外来夹杂物等。煤岩体在外部荷载作用下变形破坏的本质就是内部原生裂隙不断启裂、扩展，以及新生裂纹不断萌生、演化和贯通，直至形成宏观大裂纹，导致材料失稳破坏[114-116]。孔洞、裂纹等缺陷能够降低煤岩体的力学承载能力，可以形象地称其为损伤。因此，将损伤的概念及损伤力学分析方法引入煤岩材料微小孔洞、裂纹的成核、演化直至劣化过程的研究中，具有较好的适应性，并且考虑裂纹大小、数目、分布情况的损伤本构模型能够很好地解释和指导一些实践工程。

1. 煤岩损伤力学理论

损伤力学理论作为固体力学的一个重要分支，从提出至今已有 100 多年的历史[117-119]。1895 年，苏联力学家在进行金属材料力学特性研究时提出了材料"损伤"的概念，这是有记载文献资料中第一次出现"材料损伤"名词。在对"材料损伤"进行定义和解释后，有关金属材料蠕变断裂研究的论文中开始引入"连续损伤因子""有效应力"等力学变量对金属材料的损伤状态进行描述，但是对金属材料损伤的描述还停留在定性方面。随后，在损伤概念的基础上，又有学者提出了"损伤因子"的概念，并结合连续介质力学中的唯象方法，将其应用于金属材料蠕变损伤的研究中。为了与数学分析方法相结合，从定量角度更加深入地研究金属材料的损伤破坏，可被定量描述的"损伤变量"被提出，并对该概念进行了比较系统的解释和应用说明。

有关金属材料损伤的研究已经相对成熟，但是考虑到煤岩材料和金属材料的差异，在进行煤岩材料损伤定义和损伤研究时考虑的因素更加多样。鉴于损伤概念在进行金属材料力学特性研究中的优点，1976 年，损伤力学的概念与岩石、类岩石及混凝土材料的特点相结合，解释了描述岩石损伤的概念，并根据对损伤的定义和损伤力学的研究方法，建立了基于连续介质理论的煤岩损伤本构关系模型。我国学者对煤岩损伤力学也做了大量研究工作，受到国外学者们的广泛关注。其中，谢和平院士将宏观的分形理论和微细观的损伤力学相结合，首次提出分形损伤力学理论，与其他学者的研究相辅相成，共同形成了比较完善的煤岩损伤力学的理论体系。煤岩损伤力学的发展不断受到岩体力学研究者的重视，目前在煤岩损伤力学研究方面，其相关研究内容可概括为图 3-2。

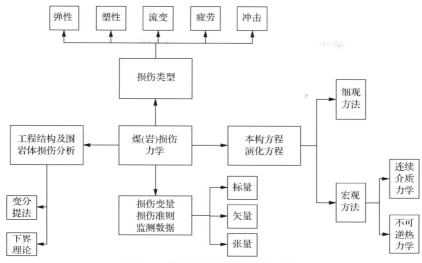

图 3-2　损伤力学的主要研究内容

2. 煤岩损伤劣化的声发射及能量理论

(1) 声发射理论

煤岩材料在外力作用下的损伤劣化过程中，由于内部裂纹的生成使能量以弹性应变能的形式释放，这种现象就称为声发射现象[120,121]。煤岩的声发射规律反映了材料内部的损伤演化过程，因此可以通过声发射信息监测设备对材料内部释放出的声发射信号(如声发射能量、振铃计数、撞击率、波形、损伤裂纹位置等)进行采集、记录和处理，然后根据声发射各种参数的变化规律对材料的损伤演化过程进行反演和分析[122-131]，从而进一步为采矿工程、隧道工程等岩体工程的稳定性预测和控制提供参考。

在通过声发射参数研究煤岩材料的损伤劣化特性方面，可进行声发射参数的损伤因子定义和推导。根据有关损伤因子的定义，设煤岩材料损伤因子 D 为

$$D = \frac{V_n}{V} \tag{3-1}$$

式中，V_n 为煤岩材料损伤形成的微裂纹等损伤的体积；V 为损伤前材料的总承载体积。

当 $V_n=0$ 时，$D=0$，表示煤岩试件处于无任何损伤状态；当 $V_n=V$ 时，$D=1$，表示煤岩试件处于不能承受任何外部荷载的完全损伤状态。因此，D 介于 0～1，并且代表煤岩试件在外部荷载加载过程中某一时刻损伤状态损伤变量。

损伤变量 D 实际上决定了煤岩试件的弹性模量 E。设煤岩材料无任何损伤的初始状态的弹性模量为 E_0，则任意损伤状态对应的弹性模量 E 为

$$E = E_0(1 - D) \tag{3-2}$$

因此，外部荷载作用下储存的弹性应变能 U 为

$$U = E_0(1 - D)\varepsilon^2 / 2 \tag{3-3}$$

式中，D 为煤岩试件在某一时刻的损伤变量；ε 为煤岩试件发生损伤 D 时的应变值。

根据式 (3-1) 和式 (3-2) 及热力学关系，得到损伤的微分本构关系：

$$\left(\frac{\mathrm{d}U}{\mathrm{d}\varepsilon} \right) D = E(1 - D)\varepsilon = \sigma \tag{3-4}$$

煤岩材料中存在许多微小的原始缺陷，当应力超过其能够承受的极限强度时，将会引起原始缺陷的扩展及新缺陷的萌生、扩展、演化等，同时以弹性波的形式释放弹性应变能，从而产生声发射现象。

通常选用 Jaeger 和 Cock 提出的 Weibull 分布来定义煤岩材料中裂纹等微小缺陷的分布，即

$$n(\varepsilon) = k\varepsilon^m \tag{3-5}$$

$$n'(\varepsilon) = km\varepsilon^{m-1} \tag{3-6}$$

式中，$n(\varepsilon)$ 为应变不大于 ε 就能引起的缺陷数；$n'(\varepsilon)$ 为缺陷随应变的变化率；k 和 m 为常数，表示材料的断裂活动性质。

当应变增加一定的增量 $\mathrm{d}\varepsilon$ 时，能够被激发的新裂纹等缺陷数为

$$\mathrm{d}n = n'(\varepsilon)\mathrm{d}\varepsilon \tag{3-7}$$

由于之前损伤的产生，占总体积百分比为 D 的材料中弹性应变能已经释放，导致实际被激活的缺陷数目减少 $1-D$ 倍。同时，设一个缺陷的损伤对应一个声发射计数，则声发射计数可表示为

$$\mathrm{d}N = (1 - D)n'(\varepsilon)\mathrm{d}\varepsilon \tag{3-8}$$

由式 (3-2) 和式 (3-7) 得

$$\mathrm{d}N = km(1 - D)\varepsilon^{m-1}\mathrm{d}\varepsilon \tag{3-9}$$

$$N = r(\varepsilon)\int_{\varepsilon_0}^{\varepsilon} km(1 - D)\mathrm{d}\varepsilon \tag{3-10}$$

式中，ε_0 为煤岩材料初始损伤的应变；$r(\varepsilon)$ 为随机因子，在 [0,1] 随机取值。

因此，声发射率可表示为

$$N'(t) = \frac{\mathrm{d}N}{\mathrm{d}t} = r(\varepsilon)km(1-D)\varepsilon^{m-1}\frac{\mathrm{d}\varepsilon}{\mathrm{d}t} \tag{3-11}$$

式(3-10)和式(3-11)为煤岩材料在外部荷载作用下的声发射理论模型。从模型的表示变量可知,声发射计数和声发射率不仅取决于损伤因子 D、瞬时应变 ε 和应变率 ε',而且还与煤岩固有属性(材料尺寸、材料的均质度等)密切相关。

(2) 能量理论

煤岩体内部的微裂纹等缺陷不断萌生、扩展、贯通直至演化成宏观大裂纹,导致煤岩体失稳破坏。煤岩在外力作用下的变形损伤过程可看作能量(动能、弹性应变能等)驱动下的,从一个状态到另一个状态的能量之间的传递和转化现象[132]。因此,从能量耗散和转换角度对煤岩变形破坏过程中的能量机制进行探讨,不仅可以忽略中间变化过程带来的不确定性因素,而且能够更真实、准确地反映煤岩的损伤破坏的本质和规律。

以煤岩单轴压缩为例,如图 3-3 所示,随着外力加载的不断进行,能量不断输入,一部分以热能的形式耗散掉,这部分成为不可逆的耗散能;一部分以弹性能的形式储存起来,这部分成为弹性应变能。其中,弹性应变能的增长过程可分为三个阶段(非线性的缓慢增长→稳定的线性增长→增长放缓阶段),耗散能的增长过程可分为两个阶段(缓慢增长阶段→显著增长阶段)。硬岩和软岩在外力作用下的能量输入过程中,耗散能与弹性应变能所占的比例不同,其中,在峰值破坏之前,硬岩中输入的能量大部分转化为弹性应变能而被储存起来,而软岩中输入的能量则用于损伤做功而转化成热能等耗散能被释放掉。加载速率对弹性应变能和耗散能的影响不同,其中随着加载速率的增大,输入的总能量增多,并且弹性应变能所占的比例也呈增大趋势,而耗散能表现出先增大后减小的趋势,并且加载速率越大,弹性应变能随外力加载的演化过程表现得越明显。

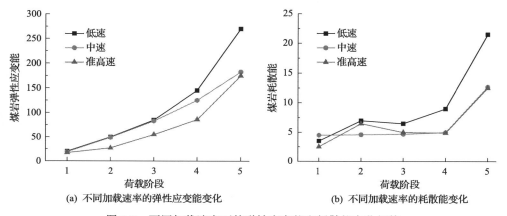

图 3-3　不同加载速率下的弹性应变能和耗散能变化规律

　　由图 3-4 可知，在屈服应力（c 点）之前，摩擦能、弹性能、应变能和黏结能之和基本与边界能相等。黏结能和应变能所占比例较大，这部分能量与裂纹的产生和驱动有关，其消长与模型材料的劣化有关。代表裂纹作用的摩擦能则与之相反，它们之间是此消彼长的关系。因为裂纹产生要克服黏结能，然后在应变能的驱动下扩展，裂纹产生以后摩擦部分才开始起作用。在应力达到峰值强度后（d 点），黏结能和应变能急剧减小，摩擦能急剧增加，摩擦能所占比例随裂纹进一步扩展逐步提高。由此可以看出，摩擦作用是残余强度的主要提供者。试件整个变形过程中动能所占比例不大，与加载过程及试件内部动态平衡有关，说明试件变形不是很剧烈，裂纹稳定扩展贯通。

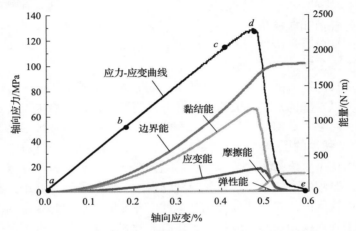

图 3-4　黏结颗粒模型 BPM 煤岩模型的能量演化曲线

3.2.2　煤岩损伤演化特征

1. 煤岩损伤演化本构模型——基于声发射理论

Kachanov[133]将损伤变量定义为

$$D = \frac{A_d}{A} \tag{3-12}$$

式中，A_d 为某一时刻材料损伤断面面积；A 为材料初始无损伤时刻的断面面积。

　　设材料无损断面面积 A 完全失去承载能力时刻累计声发射次数为 S，则单位面积煤岩损伤的声发射累计计数 S_W 为

$$S_W = \frac{S}{A} \tag{3-13}$$

当断面损伤达到 A_d 时，声发射累计计数 S_d 为

$$S_d = S_W A_d = \frac{S}{A} A_d \tag{3-14}$$

因此，有

$$D = \frac{S_d}{S} \tag{3-15}$$

则基于声发射特征和应变等价原理的煤岩材料单轴压缩损伤本构模型为

$$\sigma = E\varepsilon(1-D) = E\varepsilon\left(1 - \frac{S_d}{S}\right) \tag{3-16}$$

同理，可定义基于边界能和摩擦能的损伤变量 D_b 和 D_f

$$D_b = \frac{B_d}{B} \tag{3-17}$$

式中，B_d 为断面损伤达到 A_d 时边界能累计计数；B 为煤岩材料无损断面面积 A 完全失去承载能力时刻边界能累计计数。

$$D_f = \frac{F_d}{F} \tag{3-18}$$

式中，F_d 为断面损伤达到 A_d 时摩擦能累计计数；F 为煤岩材料无损断面面积 A 完全失去承载能力时刻摩擦能累计计数。

基于边界能和摩擦能特征的煤岩材料单轴压缩损伤本构模型分别为

$$\sigma = E\varepsilon(1-D_b) = E\varepsilon\left(1 - \frac{B_d}{B}\right) \tag{3-19}$$

$$\sigma = E\varepsilon(1-D_f) = E\varepsilon\left(1 - \frac{F_d}{F}\right) \tag{3-20}$$

图 3-5 所示为基于声发射、边界能和摩擦能参量拟合的煤岩材料应力-应变曲线。由图 3-5 可知，基于摩擦能参量拟合的本构模型最能较好地反映煤岩材料的应力-应变变化特征，其次为基于声发射参量的本构模型。基于边界能特征的煤岩材料本构模型与数值曲线相差较大的原因在于边界能一开始就需要提供较大的能量以供模型损伤，而模型内部通过键能和变性能将其吸收，并未造成损伤。由于实际煤岩材料试件压缩过程中很难记录其摩擦能变化特征，因此可采用声发射特征来研究煤岩材料的损伤特性。

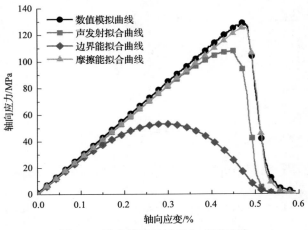

图 3-5 拟合煤岩材料应力-应变曲线

2. 煤岩损伤演化本构模型——基于应变能理论[134]

由热力学第二定律可知，岩石的破坏是由于施加在材料上的能量超过材料所能承受的极限值造成的。岩石材料为非均质非连续材料，不同的地应力和工程作用力下岩石的破坏力学性质呈现复杂变化。局部高应力和高应变使岩石局部产生损伤，强度丧失，但并不一定导致岩体的整体破坏。现有的以经典塑性理论为基础的岩石破坏准则难以分析复杂应力状态下的强度变化与整体破坏行为。因此，从能量的角度来分析岩石变形和破损性质，更有利于反映岩石强度变化与整体破坏的本质特征[135-137]。基于岩石细观单元弹性模量近似服从 Weibull 分布的假设，结合应变能密度理论，建立了岩石损伤本构模型，借助声发射事件能量信号和岩石纵波波速提出了岩石均质度系数 m 和弹性模量折减系数 K_0 确定方法。利用建立的损伤本构模型进行单轴加载模拟，将模拟结果曲线与已有模型理论曲线及单轴加载试验曲线进行对比，该模型能很好地描述试件应力、应变关系与声发射情况。基于应变能密度的岩石损伤本构模型的构建为综合考虑岩石的均质度及反复加载过程对岩石试件影响提供了新的理论依据。

(1)基于 Weibull 分布的损伤本构模型

岩体内部存在大量孔隙裂隙，将岩体分割成微单元，各单元体的力学性质并不相等且随机分布。基于岩石单元弹性模量服从 Weibull 分布的假设，建立了岩石损伤本构模型，该模型可以反映加载过程中的应力应变，以及声发射特性。其具体模型为

$$\sigma_i = \sigma_i'(1-D) = E\varepsilon_i(1-D) \tag{3-21}$$

式中，σ_i' 为实际应力；σ_i 为名义应力；D 为岩石损伤变量；ε_i 为应变；E 为弹

性模量。

单元体弹性模量近似服从 Weibull 分布，损伤变量 D 可由统计损伤理论确定，其概率密度为

$$P(x) = m / F_0 (F / F_0)^{m-1} \mathrm{e}^{-(F/F_0)^m} \tag{3-22}$$

式中，m 为均质度系数；F 为单元体弹性能密度的函数；F_0 为完全破损时 F 所对应的值。

$$F = f(W) = \int_0^{\varepsilon_{ij}} \sigma_{ij} \mathrm{d}\varepsilon_{ij} \tag{3-23}$$

岩石损伤参数 D 可表示为

$$D = \int_0^F P(x)\mathrm{d}x = 1 - \exp[-(F / F_0)^m] \tag{3-24}$$

岩石在外力作用下发生变形时，单元内部将储存应变能，每个单元体能够储存的应变能是有限的，超过单元体所能承受的应变能极限值后单元体就会破损，弹性模量也随之降低。为描述外力作用下弹性模量改变的情况，依据单元体存储的应变能将加载过程进行分区(图3-6)。

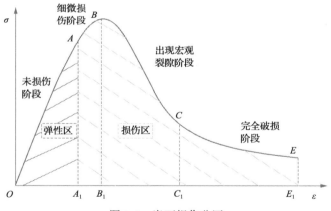

图 3-6　岩石损伤分区

当单元的应变能密度小于 S_{OAA_1} 时，单元体处于弹性阶段，未发生损伤情况；当单元的应变能密度大于 S_{OAA_1} 时，单元体发生损伤，岩石的弹性模量减小。为描述该阶段的弹性模量变化情况，孙倩等[138]将弹性模量折减进行离散化，设置最高折减次数为 $n=20$ 次，每次折减系数保持不变，均为 K_0(图3-7)。$E_n = (K_0)^n E$，故单元体弹性密度函数为

$$F = \int_0^{\sigma_{ij}} \varepsilon_{ij} \mathrm{d}\sigma_{ij} \approx \frac{1}{2} \sum_{n=1}^{20} \frac{\sigma_{ij}^2}{E_n} \tag{3-25}$$

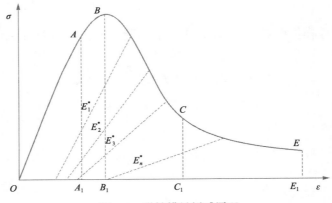

图 3-7　弹性模量折减原理

(2) 损伤本构模型的参数修正

为确定损伤本构模型中的参数，Li 等[139]根据不围压下的应力-应变曲线的极值来确定损伤本构模型中的相关参数，该方法可以较好地拟合不同围压下的应力应变关系。但该方法所选取的参数与围压有关，难以体现反复加载等复杂应力条件下的应力应变情况。依据能量密度理论，借助数值模拟对岩体损伤过程进行数值试验，将不同参数下的模拟结果和室内试验结果进行对比，利用试验结果对相关参数进行确定。

1) 应变能密度理论的数值模拟方法。采用 FLAC^{3D} 有限差分数值软件，根据上述理论建立岩石单元的损伤破坏方程，模拟试件为圆柱形标准试件(直径 D=50mm，高 L=100mm)。单元的体积模量及剪切模量服从 Weibull 分布。模型采用速度控制方式，对顶部和底部进行加载。在 FLAC^{3D} 中，单元外参数 Zextra1 为单元破坏次数，Zextra2 为单元的应变能，Zextra3 为单元破坏能阈值。利用内置 FISH 语言在计算开始前对每一个单元的能量赋值为 0，即 Zextra2=0，第一步时单元的应变能密度为 0，计算到第 i 步时，单元的应变能密度为

$$
\begin{aligned}
(\mathrm{d}W/\mathrm{d}V)_i ={}& (\mathrm{d}W/\mathrm{d}V)_{(i-1)} + \frac{1}{2}(\sigma_x^i + \sigma_x^{i-1})(\varepsilon_x^i - \varepsilon_x^{i-1}) \\
& + \frac{1}{2}(\sigma_y^i + \sigma_y^{i-1})(\varepsilon_y^i - \varepsilon_y^{i-1}) + \frac{1}{2}(\sigma_z^i + \sigma_z^{i-1})(\varepsilon_z^i - \varepsilon_z^{i-1}) \\
& + \frac{1}{2}(\sigma_{xy}^i + \sigma_{xy}^{i-1})(\varepsilon_{xy}^i - \varepsilon_{xy}^{i-1}) + \frac{1}{2}(\sigma_{yz}^i + \sigma_{yz}^{i-1})(\varepsilon_{yz}^i - \varepsilon_{yz}^{i-1}) \\
& + \frac{1}{2}(\sigma_{yz}^i + \sigma_{yz}^{i-1})(\varepsilon_{yz}^i - \varepsilon_{yz}^{i-1})
\end{aligned}
\tag{3-26}
$$

当单元体应变能密度大于单元破坏能阈值时，视为出现声发射事件，该单元外参数 Zextra1 数值增大 1，单元弹性模量进行折减。若单元体外参数 Zextra1=20，则认为该单元已经完全破坏，不再对该单元弹性模量进行折减。

单元初始损伤阈值遵循 Weibull 分布。将弹性能 0.034MPa 作为平均初始损伤阈值。弹性模量随损伤持续折减，故每次损伤后单元的阈值都会增加变为上一次的 $1/K_0$ 倍。卸载时单元弹性能将随卸载不断减小，弹性能损伤阈值不变，从而模拟凯赛效应。

为防止网格划分对模拟结果带来的误差，将直径 D=50mm，高 L=100mm 的标准试件划分成为 1600 个单元、64000 个单元、80000 个单元、100000 个单元、75000 个单元。其中当单元在 64000～100000 时，应力-应变曲线与声发射特征差距较小（图 3-8 和图 3-9），可以忽略网格划分对模拟结果的影响，因此采用 80000 个单元对试件进行模拟。其中取试件完全破损时声发射累积能量作为归一化值。数值模拟力学参数如表 3-1 所示。

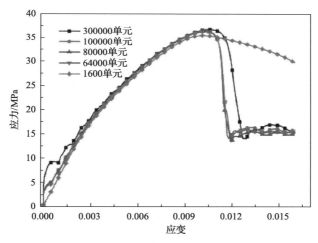

图 3-8　不同网格划分下应力-应变曲线

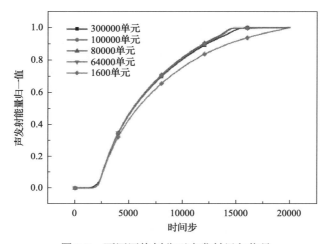

图 3-9　不同网格划分下声发射累积信号

表 3-1　　数值模拟力学参数

体积模量/GPa	剪切模量/GPa	内摩擦角/(°)	抗拉强度/MPa	内聚力/MPa
3.18	2.8	41	8.67	5.82
1600 单元	64000 单元	80000 单元	100000 单元	300000 单元

由于单元弹性模量不相同，单元相对位置的不同排列组合方式会导致试件单轴抗压强度改变。为研究单元相对位置的不同排列组合方式对试件整体力学性质的影响。通过在模拟软件中设置不同随机种子数(set random)来模拟单元相对位置对试件整体力学性质的影响。表 3-2 为四种单元体相对位置的不同排列组合方式。

表 3-2　　单元体相对位置的不同排列组合方式

图例	组合方式 1 （随机种子数=1）	组合方式 2 （随机种子数=2）	组合方式 3 （随机种子数=5）	组合方式 4 （随机种子数=10）
杨氏模量云图 2.419e+09 2.428e+09 2.432e+09 2.494e+09 2.500e+09 2.508e+09 2.532e+09 2.559e+09 2.580e+09 2.780e+09 2.781e+09 2.883e+09 2.890e+09 2.908e+09 2.953e+09 2.957e+09 2.973e+09 2.978e+09 3.009e+09 3.057e+09 3.070e+09 3.081e+09 3.091e+09				

不同单元相对位置对试件单轴抗压强度、应变情况影响较小，仅对于峰后曲线有一定的影响(图 3-10)。因此，选用组合方式 1 的单元相对位置情况对石膏试件进行模拟。

2)均质度的确定。岩石的非均质性对岩石的性质有着重要影响，在 Weibull 分布中 m 代表函数的均质度，m 越大均质度越高，每个单元的力学属性越接近。为了考虑单元分布集中程度对试件的影响，改变 m 的取值，分别取 $m=3$、$m=5$、$m=7$、$m=9$、$m=11$、$m=13$、$m=15$、$m=17$、$m=19$ 对岩石单轴压缩情况进行模拟，对比应力应变特征及声发射事件情况。在单元平均参数相同的情况下，岩石的均质度越高，岩石的单轴抗压强度越高，峰值应变越小，弹性模量越大，试件整体呈现出较强的脆性(图 3-11)。为研究均质度 m 对单轴抗压强度的影响，对曲线进行拟合(图 3-12)，拟合关系函数为

$$y_1 = 3.6865 \times 10^7 - 15.0459 \times 10^6 \mathrm{e}^{\frac{-m}{3.739}} \tag{3-27}$$

式中，m 为均质度；y_1 为单轴抗压强度。

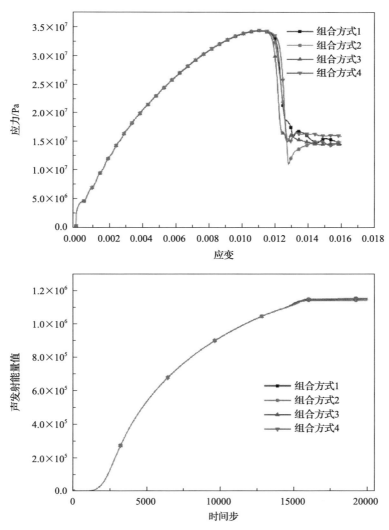

图 3-10　不同单元相对位置的应力-应变曲线和声发射事件曲线

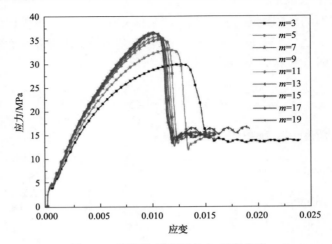

图 3-11　不同均质度下应力-应变曲线

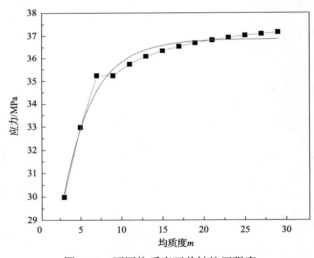

图 3-12　不同均质度下单轴抗压强度

　　在轴压作用下，均质度低的岩石由于单元破坏所需能量差异较大，单元在加载过程中逐渐破坏，试件吸收的弹性能量多。声发射总数越多，破损时消耗的能量越大(图 3-13 和图 3-14)。均质度越低，声发射事件出现的时间相对越早，持续时间越长，试件压缩全过程中均有声发射事件产生；而均质度较高的试件声发射事件出现较为集中，峰后声发射事件几乎没有。为研究均质度 m 对声发射事件的影响，对曲线进行拟合(图 3-14)，拟合关系函数为

$$y_2 = 1.067 \times 10^6 - 8.5487 \times 10^5 / [1 + (m / 0.66309)^{1.02377}] \tag{3-28}$$

式中，m 为均质度；y_2 为声发射事件总数。

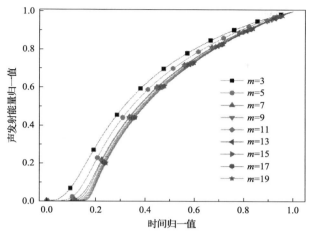

图 3-13　不同均质度下声发射事件-时间曲线

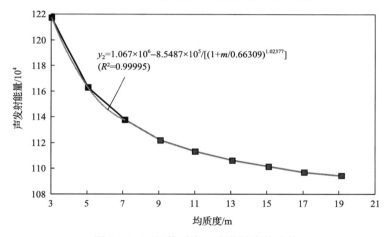

图 3-14　不同均质度下声发射事件总数

为确定合适的均质度 m，相关学者[140-143]采用非线性弹性本构关系，应力-应变曲线关系为

$$\sigma = E_0 \varepsilon (1 - D) = E_0 \varepsilon \exp\left[-\left(\varepsilon \big/ \varepsilon_0 \right)^m \right] \tag{3-29}$$

式中，ε 为微元应变；ε_0 为岩石材料的统计平均应变。

计算得

$$m = \frac{1}{\ln(E_0 \varepsilon_c / \sigma_c)} \tag{3-30}$$

式中，E_0 为岩石的初始弹性模量；σ_c 为峰值强度；ε_c 为峰值强度对应的应变。

　　根据选取的石膏试件单轴抗压结果测得σ_c为35MPa，ε_c为0.009，E_0为4.595GPa，计算得$m\approx5.99$。张晓君[144]考虑了峰后的耗能和释能情况，对公式进行了修改：

$$m = \ln\left(-\ln\frac{\sigma_c}{E_0\varepsilon_c}\right) \bigg/ \ln\left(\frac{\varepsilon_c}{\varepsilon_1}\right) \tag{3-31}$$

式中，ε_1为岩石发生失稳破坏时的应变，取0.0126。

　　计算得$m\approx5.32$，可见考虑岩石的峰后强度曲线情况之后岩石的均质度要相应变小。前人对于均质度的研究主要是基于应力-应变曲线特征，但应变和损伤并不是线性对应关系，将应变直接作为岩石损伤指标缺乏一定的合理性。

　　为确定试件均质度m，通过试验观察AE能量与试件内部损伤的统计分布一致，在外部载荷下产生的损伤通过AE能量表示，AE累积能量记为C，完全损坏时累积AE能量设置为C_m，用二者比值来表示损伤情况：$D=C/C_m$，故$C/C_m = 1 - \exp\left[-(F/F_0)^m\right]$。因此，我们可借助对声发射能量的测定值来分析试件的损伤程度。

　　将山东省兰陵县大汉石膏矿8号井取出的岩石进行取芯打磨，制备成直径D=50mm，高L=100mm的标准试件6块。对其进行编号，编号分别为S-1、S-2、S-3、S-4、S-5、S-6，保证试件端面的不平行度和不垂直度均小于0.02。对试件S-1进行单轴压缩试验，并利用PAC16通道声发射装置进行实时监测。

　　结合均质度对单轴抗压强度和声发射事件能量的影响，将不同均质度下的声发射模拟值和试验得出的声发射事件能量曲线归一化后进行做差比较（图3-15），计算平方误差（表3-3），平方误差越小则拟合程度越好。

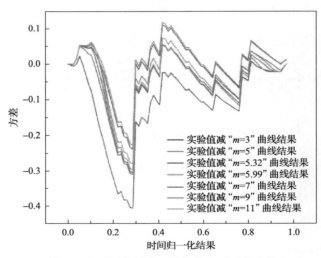

图3-15　不同均质度下模拟值和试验值差值

表 3-3　不同均质度拟合情况

均质度/m	3	5	5.32	5.99	7	9	11	13
拟合优度	0.7214	0.4414	0.4214	0.3992	0.3741	0.3742	0.3812	0.3904
均质度/m	15	17	19	21	23	25	27	29
拟合优度	0.4031	0.4145	0.4261	0.4261	0.4261	0.4399	0.4573	0.4634

在同种力学参数条件下，$m=7$ 时模拟出的结果和试验结果吻合情况最优，同时也优于 $m=5.32$ 时的拟合程度。采用基于应变能的弹性模量折减模型可较为真实地模拟试件应力应变及声发射情况。

3）弹性模量折减值的确定。随外力的增加岩体出现微小裂隙，岩体单元出现破损，单元体的弹性模量会相应降低。对于弹性模量的折减，孙倩等[138]将弹性模量折减进行离散化，设置最高折减次数为 $n=20$ 次，每次折减系数保持不变，均为 K_0。此方法借助于室内试验得到的拟合值，有很好的实验室应用价值，但未能给出弹性模量减小的物理意义。为了确定弹性模量折减值，借助岩体的纵波速度和动态体积模量与动态剪切模量的关系如下：

$$V_P = \sqrt{\frac{K+1.33G}{\rho}} \tag{3-32}$$

式中，V_P 为岩石的纵波速度；K 为岩石的动态体积模量，为静态体积模量的 2.16 倍；G 为岩石的动态剪切模量，为静态剪切模量的 2.16 倍[145,146]；ρ 为岩石的密度。

假设在破坏过程中每个单元体最多只能折减 20 次，每次弹性模量折减系数不变，均为 K_0，单元密度不变。由于单元在 y 方向长度一样，各单元间的速度差别并不大，为方便计算只需对每个单元的波速求和后平均，从而得到试件整体波速。

将制备的试件进行纵波波速测试，如表 3-4 所示。测量得到原始试件的平均纵波波速为 3571m/s，数值模拟得到原始试件纵波波速为 3577m/s。为修正折减系数 K_0，采用数值软件对不同折减系数下的完全破损后岩石的纵向声波波速进行模拟。当折减系数为 0.92 时，模拟得出的波速为 1998m/s，试件单轴加载受压完全破损后测量的纵向声波传播速度为 2001m/s，两者数值最为接近。预设弹性模量折减参数 $K_0=0.92$ 用以模拟石膏试件破损过程中单元弹性模量的折减较为合理，可以反映出加载过程中石膏试件的损伤变化。

表 3-4　不同折减系数试件波速拟合情况　　　　　（单位：m/s）

试件类型	试验结果	模拟结果								
		0.82	0.84	0.86	0.88	0.9	0.92	0.94	0.96	0.98
原始试件	3571	3577	3577	3577	3577	3577	3577	3577	3577	3577
破损后	2001	1919.2	1933.6	1948.1	1962.6	1977.5	1998	2058	2326	2834

（3）应变能损伤模型与实验室结果对比

1）数值模拟与单轴加载试验结果对比。将石膏试件 S-2 进行单轴加载试验。试验加载速率为 0.5mm/min。在试验过程中利用 PAC16 通道声发射装置进行实时监测，发射门槛值设置为 43dB，频率为 10k～2.1MHz，采样频率为 1MHz。为保证试验效果，试验采用六个探头进行监测，前放增益为 40dB，记录试件加载的声发射事件能量。

随着应力的增加，试件应变增大，断裂处局部应力分布云图如图 3-16 和图 3-17 所示。模拟试件出现接近 45°的剪切破坏（图 3-18），同试验结果吻合（图 3-19）。对比理论曲线与石膏岩石的单轴压缩试验曲线，理论曲线能更好地反映岩石破裂的应力应变变化情况及声发射特征。模拟结果和岩石破裂实际情况基本吻合，模拟计算方法可应用于岩石破裂分析。

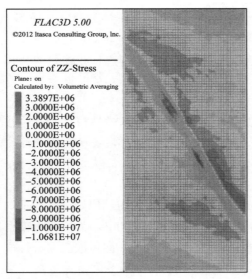
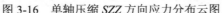
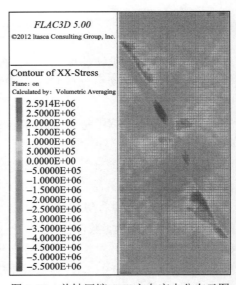

图 3-16　单轴压缩 *SZZ* 方向应力分布云图　　　图 3-17　单轴压缩 *SXX* 方向应力分布云图

2）数值模拟与反复加载试验结果对比。基于弹性能的损伤模型将损伤应变能积累，对岩石试件在反复加载条件下的损伤分析有较好的模拟效果。试件平均单轴抗压强度 $\sigma_t = 35$MPa。对试件 S-3、S-4、S-5、S-6 分别施加轴向荷载（$0.3\sigma_t$、$0.4\sigma_t$、$0.5\sigma_t$、$0.6\sigma_t$）后完全卸载，再以 0.5mm/min 的速度加载至破坏。

图 3-18　单轴压缩模拟结果　　　　　　图 3-19　试件单轴压缩试验结果

其中反复加载模拟参数与单轴模拟参数相同，将试验结果与模拟结果进行对比。从图 3-20～图 3-23 的 (a) 图可知，模拟试验时将试件加载到 $0.3\sigma_t$ (10.5MPa)再卸载时，初次加载产生的声发射事件能量为 54887，约占整体声发射事件能量的 4.8%；岩石加载到 $0.4\sigma_t$ (14MPa)再卸载时，初次加载产生的声发射事件能量为 213678，约占整体声发射事件能量的 18.2%；岩石加载到 $0.5\sigma_t$ (17.5MPa)再卸载时，初次加载产生的声发射事件能量为 391461，约占整体声发射事件能量的 33.4%；岩石加载到 $0.6\sigma_t$ (21MPa)再卸载时，初次加载产生的声发射事件能量为 546150，约占整体声发射事件能量的 45.9%。

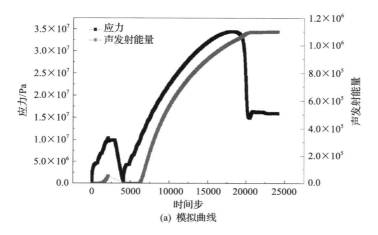

(a) 模拟曲线

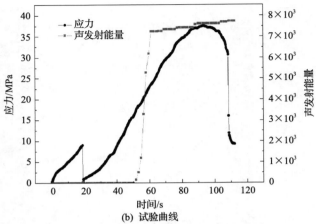

(b) 试验曲线

图 3-20　加载至 0.3 σ_t 卸载应力-声发射曲线

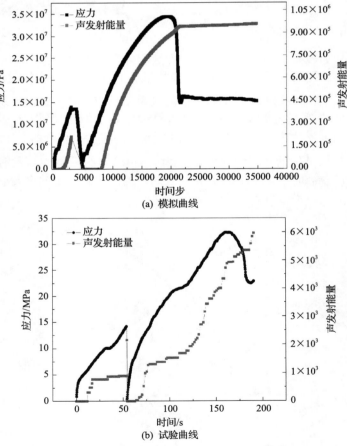

(a) 模拟曲线

(b) 试验曲线

图 3-21　加载至 0.4 σ_t 卸载应力-声发射曲线

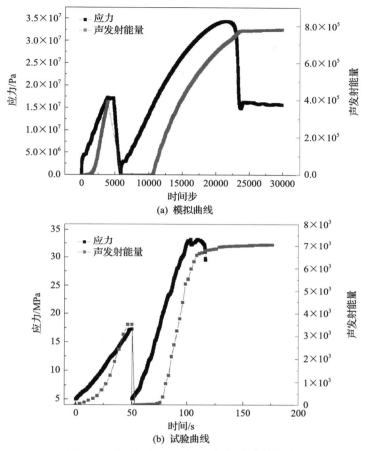

(a) 模拟曲线

(b) 试验曲线

图 3-22　加载至 $0.5\sigma_t$ 卸载应力-声发射曲线

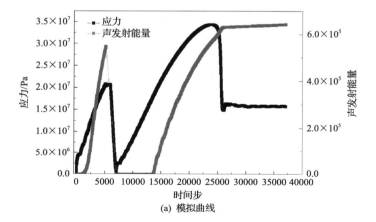

(a) 模拟曲线

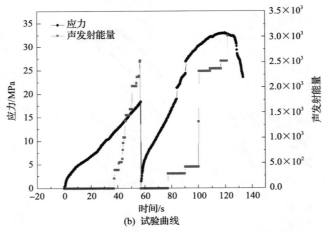

(b) 试验曲线

图 3-23 加载至 $0.6\sigma_t$ 卸载应力-声发射曲线

从图 3-20～图 3-23 的 (b) 图可知,实验室试验时将试件加载到 $0.3\sigma_t$ (10.5MPa) 再卸载时, 初次加载产生的声发射事件能量为 49, 约占整体声发射事件能量的 0.64%；岩石加载到 $0.4\sigma_t$ (14MPa) 再卸载时, 初次加载产生的声发射事件能量为 2154, 约占整体声发射事件能量的 26.52%；岩石加载到 $0.5\sigma_t$ (17.5MPa) 再卸载时, 初次加载产生的声发射事件能量约占整体声发射事件能量的 33.23%；岩石加载到 $0.6\sigma_t$ (21MPa) 再卸载时, 初次加载产生的声发射事件能量为 2537, 约占整体声发射事件能量的 45.63%。

试验及模拟结果都存在明显的声发射凯塞效应 (图 3-24), 即再次加载后试件承受的应力小于卸载时的最大应力, 试件不会产生声发射信号。初次加载的力量越大, 对岩体的损伤程度越高, 初次加载产生的声发射能量占总声发射能量的百分比相应更大；再次加载阶段产生的声发射能量占总声发射能量的百分比会相对

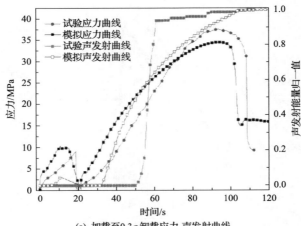

(a) 加载至 $0.3\sigma_t$ 卸载应力-声发射曲线

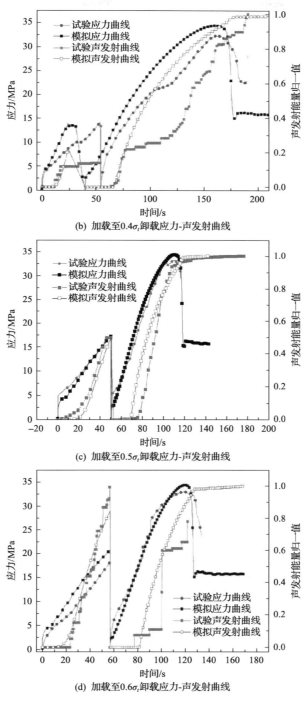

(b) 加载至0.4σ,卸载应力-声发射曲线

(c) 加载至0.5σ,卸载应力-声发射曲线

(d) 加载至0.6σ,卸载应力-声发射曲线

图 3-24　反复加载模拟及试验结果

变小。应变能损伤本构模型可以较好地反映石膏岩石在反复加载下的应力与声发射特征及分析加载历史对岩体的损伤影响，使得该模型可以应用于受动载影响下煤岩体稳定性问题的求解。

3.3　采动应力场时空演化规律研究

采矿过程中时刻与采动应力对应联系，采动应力是采矿引起的原岩应力重新分布的结果。采动应力场的形成和稳定是一个与采动条件相关，由相应岩层运动的发展和稳定直接关联的发展过程。地应力与采动应力是煤炭开采岩层灾害的根本驱动力，深部煤炭开采的最大特点是煤炭资源开采前煤岩体处于高原岩应力状态。

大多数情况下采场煤岩体在三向应力作用下保持稳定，但是随工作面的开采，与裸露采掘空间表面垂直方向的应力迅速降到大气压，煤岩体中的瓦斯压力、水压力也是如此，煤岩体承受垂直应力和水平应力比值逐渐升高，产生应力集中，在围岩中形成很大的应力梯度，造成煤岩体越来越容易被破坏。当煤岩体不足以抵抗应力集中带煤体的变形，或受外界扰动应力集中带煤体短时间内释放大量能量时，工作面煤体会失稳破坏，进而引起围岩运动、岩层变形、岩层结构失稳破坏等后果，导致各种灾害的发生。采动可能导致煤层顶底板垮断与破坏、支架折损、片帮冒顶、底鼓等一般的矿山压力现象，也可能导致冲击矿压、顶板大面积来压、岩爆（Rock Burst）、矿震、煤与瓦斯突出、地表塌陷等大的矿山动力现象。

3.3.1　采动应力分布特征

在工作面前方，当开切眼后，煤壁附近由三向应力状态变为两向（局部为单向）应力状态，在煤壁前方一定范围内产生应力升高区。当应力超过煤体强度极限时煤体破裂，并逐步向深部发展，即形成所谓的应力降低区—应力升高区—原岩应力区的工作面前方采动应力影响区。该采动应力随工作面推进不断向前移动，煤岩体破裂过程和破裂范围与应力变化过程和范围具有极强相关性。

研究证明，对于不同的矿井开采深度和煤岩强度条件，回采工作面周围煤岩体上采动应力分布有单一弹性、弹塑性分布及出现"内应力场"三种情况，如图 3-25 所示。

对于单一弹性分布[图 3-25（a）]，应力高峰位置处于煤岩体的边缘，随与煤壁距离增加按负指数曲线规律递减。在从煤壁开始的整个应力分布范围内，煤岩处于弹性压缩状态。如果以无冲击倾向煤的全应力-应变曲线表达煤层破坏全过程，则该范围内煤层处于弹性变形阶段，即图 3-26 中的 *AB* 阶段，所承担的压力与其弹性压缩变形量成正比。

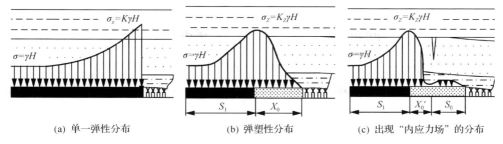

(a) 单一弹性分布　　　(b) 弹塑性分布　　　(c) 出现"内应力场"的分布

图 3-25　采动应力分布特征

X_0、X_0'—塑性区；S_0—内应力场；S_1—弹性区

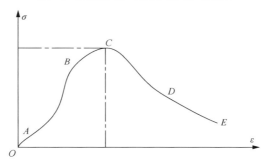

图 3-26　无冲击倾向煤的全应力-应变曲线

　　单一弹性分布的条件：①开采深度较浅，原岩初始应力值较小；②煤岩结构致密、坚硬，抗压强度高；③采动(推进)空间较小，开采扰动后，应力集中程度较低。此时，煤岩边缘未产生损伤破坏，上覆岩层未产生转动、层间滑移，各岩梁只能在煤岩壁处断裂。

　　出现塑性破坏区的分布[图 3-25(b)]，由塑性区 X_0 及弹性区 S_1 两部分构成。应力高峰在弹性区、塑性区交界处，其中弹性区 S_1 煤岩处于弹性压缩变形状态，各部分压力值(从弹性区、塑性区交界处到围岩内部)与煤岩变形量成正比，其压力分布是一个高峰在弹塑性交界处并向内发展逐渐下降至原始应力值的曲线，弹性区内部处于原始应力状态；塑性区内煤岩体遭到破坏，处于全应力-应变曲线的 CDE 段(塑性流变阶段)，其压力分布为从煤岩壁到弹性区、塑性区交界处呈逐渐上升的曲线。

　　出现塑性破坏区的分布的条件：①开采深度较深，原岩初始应力值较大；②煤层结构酥松、较脆，抗压强度较低；③采动(推进)空间较大，开采扰动后，应力集中程度较高。在塑性区范围内煤岩体已产生损伤破坏，其力学性能大幅下降，而且力学承载能力极不稳定。因此，当上覆岩梁逐级断裂(失去承载能力)时，相应的煤岩区域压缩程度逐渐增高，煤岩层片帮不断加剧，煤岩采动应力将不断重新分布，峰值应力不断向煤岩体内部转移。

　　出现"内应力场"的分布的主要特点是岩梁深入塑性区断裂，原来完整的应力场以岩梁断裂线为界明显地分为两个部分，如图 3-25(c) 所示，一部分是由运动着的岩梁重力所决定的"内应力场"S_0；另一部分则是与上覆岩层总体重力相联系的"外应力场"，包括新扩展的塑性区 X_0' 及弹性区 S_1 两部分。此时，"外应力场"压力的大小和影响范围与开采深度直接相关，但是"内应力场"的压力大小则仅取决于同时运动着的传递岩梁跨度和厚度，与开采深度没有直接联系。

　　"内、外应力场"范围内不同位置处煤体受力条件如图 3-27 所示。"内应力场"范围(图 3-27 中 S_1 范围)内煤体损伤破坏力源来源于"裂断拱"内裂断岩梁，正因为裂断岩梁裂断，并在采空区回转下沉过程给煤体一动载冲击，打破其平衡状态，造成煤体损伤；"外应力场"范围(图 3-27 中 S_2+S_3 范围)内煤体力源主要来源于"应力拱"范围内岩梁作用，由于"裂断拱"内裂断岩梁不断裂断失衡，造成采场采动应力分布不断变化，形成"应力拱"，其范围内岩梁作用力经过层层传递，作用到范围内煤体上，造成煤体破坏。工作面开采前，煤体处于原始平衡状态。采场推进后，在采动应力作用下，从煤壁位置，即煤体 I 位置处煤体发生损伤破坏，逐渐发展到 IV 位置处，此时，$S_1+S_2+S_3$ 范围内煤体承担起上覆岩层荷载，采场趋于稳定。

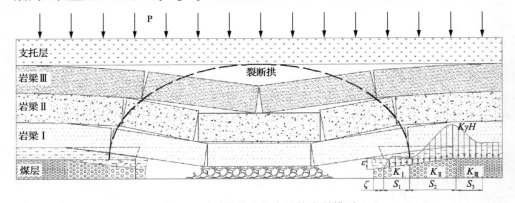

图 3-27　采场稳定位态结构力学模型

ε—煤壁压缩量；ζ—煤壁突出量；S_1—"内应力场"范围；S_2+S_3—"外应力场"范围；S_2—假塑性区范围；
K_I—"内应力场"孔隙率；K_{II}—假塑性区孔隙率；K_{III}—弹性区孔隙率

　　上述采动应力的三种类型各有其存在的条件，不同煤层在相同的开采条件下可能有不同的分布形式。即使煤层条件与开采技术条件相同，但开采深度不同，工作面推进的不同部位，其分布构成上也往往不一样。因此，认清影响各类分布形式的原因其存在的条件，对于矿山压力的控制，特别是解决巷道矿压控制方面的问题是十分重要的。

　　"内应力场"的出现是以存在塑性区为前提的，煤层出现塑性区相应条件的判别式为[147]

$$[H] \geqslant \frac{\sigma_C}{K\gamma} \tag{3-33}$$

式中，[H]为在既定煤层条件下产生塑性区的临界深度；σ_C 为既定采深煤层的单轴抗压强度；K 为采动应力集中系数；γ 为岩层容重；H 为煤层开采深度。

由式（3-33）可知，开采深度 H 及采动应力集中系数 K 越大，则塑性区范围越大。在开采深度和覆岩条件既定的情况下，煤岩体上采动压力值，包括最大采动应力集中系数 K 及相应的采动压力峰值 $K\gamma H$ 也有一定的极限。因此，在采高一定时，塑性区的最大范围也可以确定。煤岩体强度越高，即煤层单轴抗压强度越高，在同样开采深度的情况下塑性区的范围将越小。在一定采深和既定煤层条件下，塑性区范围与煤层开采厚度成正比。分层开采厚煤层时，塑性区范围取决于分层开采的高度和开采所在的位置。

3.3.2　采动应力演化时空特征规律研究

现有研究大都通过数值模拟或者实地监测进行研究，但由于实际煤岩材料内部存在大量的节理、裂隙，因此其力学及声发射特性离散性较大。为了克服这一困难，系统地研究采动应力演化时空特征规律，课题组自主研发了采动应力试验系统，研究不同采动应力下类岩的力学特征，并通过 PFC（particle flow code）模拟软件对采动应力演化规律进行了系统分析。

1. 采动应力演化试验装置

（1）采动应力试验系统

课题组自主研发了采动应力试验系统，如图 3-28 所示；同时配备了美国物理声学公司 PAC（physical acoustic corporation）研制的 16 通道 SH-II 声发射设备，如图 3-29 所示。

(a) 采动应力试验机　　　　　　　　(b) 采动应力试验机加载单元

图 3-28　采动应力试验机及其加载单元

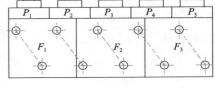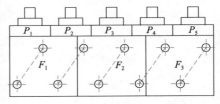

(a) 16通道SH-II声发射设备　　　　　　　(b) 声发射传感器布置方案

图 3-29　16 通道 SH-II 声发射设备及传感器布置方案

采动应力试验机主要由垂向加载系统、侧向加载系统、加载主框架等部分组成,是进行实验室重现采动应力转移过程的关键设备。采动应力试验机的垂、侧向加载系统主要包括加载液压缸、压力传感器、位移传感器、回油阀、溢流阀、安全阀、油液温控装置、数据测控器等部件组成,是采动应力试验机的主体,侧压板预制钻孔用于放置声发射探头。垂向加载系统控制五组轴向加载单元,可分别独立施加轴向应力,每组加载单元分别由两个液压缸控制,加载过程中,两个液压缸同时作用,防止单一液压缸加载过程中受力不均匀,造成试件受剪破坏,实现对煤岩垂直方向施加不同的采动应力(非均布荷载);侧向加载系统控制三组水平加载单元,采用后法兰式连接方式,固定在主框架上,可分别独立施加水平应力,实现对不同煤岩水平方向施加不同采动应力。垂、侧向加载系统加载单元的主要力学性能指标如表 3-5 所示。

表 3-5　加载系统主要力学性能指标

名称	垂向加载单元	侧向加载单元
加载单元数量/个	5	1
加载单元尺寸/mm	150×100	167×500
加载单元荷载/kN	900	500
加载液压缸量程/mm	200	200
位移传感器量程/mm	300	300
控制精度/%	±0.2	±0.5
荷载加载速率/(kN/s)	0.05～100	
位移加载速率/(mm/min)	0.5～100	
最大稳定时间/h	72	

加载试验台前后布置可自由拆卸的挡板,对试件进行位移约束。加载试验台可放置的最大试件尺寸为 500mm(长)×150mm(宽)×150mm(高),同时还可以根据试验需要调整试件尺度。

采动应力试验系统采用声发射设备监测煤岩体损伤破坏过程中产生的声发射信号,该系统具有低门槛值、低噪声、超快处理速度和可靠稳定等优点,能够最大限度地降低采集噪声。其采用 18 位 A/D 转换的现代数字信号处理技术及增强的交互式图形界面,实现对煤岩试样变形破坏过程中声发射信号的多通道高速采集、数据处理和实时分析。

为了能够方便监测煤岩破坏过程中的声发射特征,在每个水平加载单元对角线布置一组 20mm×25mm 的钻孔,放置声发射探头,相对(左右)两个水平加载单元探头布置成 X 形,如图 3-29(b)所示。同时,在每个钻孔上部打有引出探头线的小孔,声发射探头线可从小孔中引出,解决施加水平荷载时监测声发射特征困难的难题。

(2)实验方案

矿井开采深度和工作面推进速度是影响采动空间围岩稳定性的重要外部因素。因此,基于采动应力试验系统,在制定试验方案时,考虑初始垂向应力和应力转移速度两个因素,其中应力转移速度是指采掘后作用于采动空间周围煤岩体上的应力再分配(转移)速度,与开挖速度有关。不同初始垂向应力可以定量描述不同开采深度,开采深度越大,初始垂向应力越大;不同应力转移速度可以定量描述不同的开挖速度,开采速度越大,应力转移速度越大。

试验方案考虑三种不同的初始垂向应力,取值 4MPa、6MPa 和 8MPa,近似模拟上覆岩层平均密度为 $2000kg/m^3$、采深分别为 200m、300m 和 400m 的力学环境;考虑三种不同的应力转移速度,取值 1kN/s、3kN/s 和 5kN/s,模拟不同的开采速度,并假定各区域的应力转移速度相同。同时,试验方案考虑围压应力为 4MPa,模拟初始原岩水平应力。具体试验方案如表 3-6 所示。

表 3-6　试验方案

试验编号	初始垂向应力/MPa	应力转移速度/(kN/s)	试验编号	初始垂向应力/MPa	应力转移速度/(kN/s)	试验编号	初始垂向应力/MPa	应力转移速度/(kN/s)
1	4	1	4	4	3	7	4	5
2	6	1	5	6	3	8	6	5
3	8	1	6	8	3	9	8	5

基于试验设计方案,试验设计试件尺寸为 300mm×150mm×150mm。为了定量化地分析类岩体在不同采动应力下的力学行为特征,现对类岩体进行区域划分。鉴于试验考虑了初始垂向应力及应力转移速度两大指标,通过垂向应力不同采动

应力(非均布荷载)加载实现，故可根据试验机的垂向或水平各加载单元所对应的区域给类岩试件划分区域。根据垂向加载单元对应位置将类岩试件划分为区域 A、区域 B 和区域 C，分别对应于垂向加载单元 P_1、P_2 和 P_3。类岩试件及其区域划分方式如图 3-30 所示，划分后各区域的宽高比为 2∶3。同时，为了分析单轴压缩条件下类岩的力学性质，特制作三个尺度为 100mm×100mm×200mm 的试件。

(a) 类岩试件

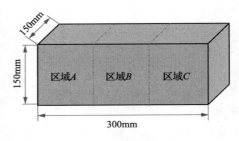

(b) 类岩试件区域划分方式

图 3-30　类岩试件及其区域划分方式

采动应力模拟试验具体操作步骤如下：

第一步：准备工作。将声发射探头(型号为 R3α)放置在水平加载单元的探头钻孔内，使其对应区域 A、区域 B、区域 C 所处位置，布置完毕后，在探头表面涂抹适当的润滑剂(凡士林)。运行试验机，测定试验机的运行噪声，设声发射监测门槛值为 40dB。将试件放置到试验台，为了减小试验过程中加载单元与试件的端部摩擦效应，试验前应在试件表面也均匀涂抹适当的润滑剂。

第二步：施加预应力。通过位移控制方式(0.5mm/min)施加初始水平应力 F_1、F_2 至 4MPa，模拟工程煤岩采掘前所处初始水平应力状态，之后保持不变至试验结束。通过同步位移控制方式(0.5mm/min)对试件区域 A、区域 B、区域 C 施加初始垂向应力 P_1、P_2、P_3 至预定值(4MPa、6MPa、8MPa)，模拟工程煤岩采掘前所处初始垂向应力状态。区域 C 的主要作用是减小或解除试验边界效应。

第三步：试验过程。通过力控制方式对区域 A 进行应力转移试验，模拟工程煤岩开挖卸荷后煤壁附近(假定为试件区域 A 范围)应力集中及卸荷破坏过程，设定应力转移速度 v(1kN/s、3kN/s、5kN/s)和停止加载阈值 K(0.3，各区域煤岩峰后残余强度与峰值强度的比值)。当加载单元 P_1 达到停止加载阈值之后，加载单元 P_1 变成位移保持模式。此时，采动应力试验机将自动对区域 B 做应力转移试验，模拟工程煤岩破坏产生塑性区(假定为试件区域 A 范围)后应力向内部(假定为试件区域 B 范围)转移过程，设定应力转移速度 v(1kN/s、3kN/s、5kN/s)和停止加载阈值 K(0.7。由于区域 A 及区域 C 对区域 B 产生了围压效应，很难降到峰值的30%，因此设置 K=0.7)，当加载单元 P_2 达到停止加载阈值后停止试验。

以上施加预应力及试验过程在采动应力试验系统应力转移试验模块上设定试验方案后，无须人工操作，试验机自动完成应力转移试验。同时，声发射采集同试验机同步控制，声发射的监测具有实时性和连续性。

（3）颗粒流煤岩压缩模型

鉴于数值软件能够排除真实煤岩体非均质的弱点且具有高效、快速的优点，研究过程中还采用了数值软件 PFC 进行仿真模拟分析[148-150]，采用平行黏结模型建立单轴压缩模型分析煤体的变形破坏特征。由于利用颗粒流理论进行模拟试验需要设定表征颗粒及黏结力学性质的细观物理力学参数，且这些参数无法直接从室内试验直接获取，因此采用"试凑法"对模型所需参数进行校核，反复调节细观参数，直到满足要求为止。通过"试凑法"反复校核对比，认为表 3-7 的细观物理力学参数较接近真实煤体的宏观力学参数。校核后，颗粒流模型的应力-应变曲线（图 3-31）及最终破坏特征（图 3-32）与室内试验吻合性较好。

表 3-7　煤岩细观物理力学参数

参数	量值	参数	量值
最小粒径/mm	0.3	孔隙度	0.1
粒径比	1.66	摩擦系数	0.46
密度/(kg/m³)	1800	平行黏结抗拉强度/MPa	10
平行黏结变形模量/GPa	12	平行黏结黏聚力/MPa	16

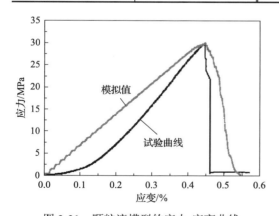

图 3-31　颗粒流模型的应力-应变曲线

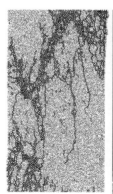

图 3-32　颗粒流模型的最终破坏特征

（4）仿真建模

采用尺寸为 90mm×40mm 的非标准尺寸（图 3-33）建模。为了分析完整采动力学过程中煤岩体应力演化时空规律，模型内部布置三个半径为 15mm 的测量圈（监测总面积占模型总面积的 58.9%），测量中心分别为 $A(-30\text{mm}, 0)$、$B(0, 0)$

和 $C(30\text{mm}, 0)$，模型加载过程中通过 FISH 语言函数记录测量圈内的应力(轴向)变化情况。

图 3-33　颗粒流煤岩压缩模型

2. 采动应力演化特征分析

(1) 类岩应力-应变特征

采动应力试验进行前，首先采用试验机的单次试验模式对尺寸为 200mm×100mm×100mm 的试件做单轴压缩试验，测定类岩试件的单轴抗压强度及弹性模量。试验采用位移控制模式，设定加载速度为 0.5mm/min，通过对三次单轴压缩试验进行校核对比，确定类岩的单轴抗压强度为 15.86MPa，弹性模量为 4.17GPa，其应力-应变曲线及破坏模式如图 3-34 所示。

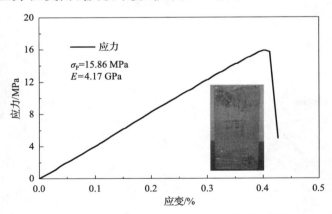

图 3-34　单轴加载应力-应变曲线及其破坏模式

图 3-35 所示为不同采动应力试验方案类岩各区域应力-应变曲线，表 3-8 所示为不同试验方案类岩区域 A、区域 B 峰值强度和峰值应变。由于试验方案考虑不同初始垂向应力，初始垂向应力之前的类岩压密闭实阶段忽略不计，因此在处理数据时直接从类岩应力-应变曲线的弹性阶段开始。在弹性阶段，类岩区域 A 和区域 B 的应力-应变曲线重叠，与煤岩内应力演化特征吻合，说明煤岩体或类岩材料

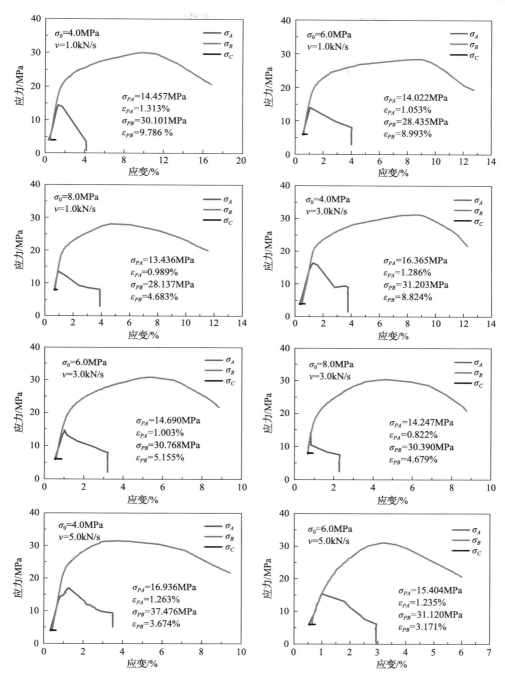

图 3-35　不同采动应力试验方案类岩各区域应力-应变曲线

σ_0—初始水平应力；v—应力转移速度；σ_{PA}—区域 A 处峰值应力；σ_{PB}—区域 B 处峰值应力；

ε_{PA}—区域 A 处峰值应变；ε_{PB}—区域 B 处峰值应变

表 3-8　不同试验方案类岩区域 A、区域 B 峰值强度和峰值应变

试验编号	峰值强度/MPa		峰值应变/%	
	区域 A	区域 B	区域 A	区域 B
1	14.457	30.101	1.313	9.786
2	14.022	28.435	1.053	8.993
3	13.436	28.137	0.989	4.683
4	16.365	31.203	1.286	8.824
5	14.690	30.708	1.003	5.155
6	14.247	30.390	0.822	4.679
7	16.936	37.476	1.263	3.674
8	15.404	31.120	0.981	3.171
9	14.919	30.834	0.814	2.837

的弹性阶段力学不会因受力环境的改变而发生太大的变化。但是,应力超过屈服极限进入塑性阶段以后,类岩各区域的力学行为呈现不同的演化特征,区域 A 会失稳破坏,而区域 B 仍能承受较高的应力。当固定初始垂向应力和应力转移速度时,类岩内部区域 B 的峰值强度约为外部区域 A 的 2 倍。其主要原因在于区域 A 在损伤破坏时为五向受力状态,因缺少外部约束导致其易扩容失稳;同时区域 A 失稳时并不能完全破坏,会存留部分或大块岩体(岩体失稳往往是剪切破坏造成的)与区域 B 相连。因此,区域 B 在损伤破坏时为六向受力状态,还包含区域 A 损伤残余岩块约束作用,这说明外部损伤残余岩块的约束能够提高内部岩石的力学承载能力。以此试验为例,当外部岩体体积等于内部岩体体积、宽高比为 2:3 时,外部岩体破坏后存在的约束能够使内部岩体强度增加近似 2 倍。

另外,由于外部残余岩块的约束,内部区域 B 的峰值延展程度较大,到达峰值强度时刻的变形量较大,是区域 A 的数倍。峰值后,区域 A 或区域 B 的应力-应变变化特征与传统单轴压缩试验条件下的不同,单轴压缩峰后残余应力迅速下降(图 3-34),但区域 A、区域 B 由于周围非均布约束的作用应力下降速度相对较小,在不同采动应力下表现出不同的变化特征。对于区域 C,因其一直处于初始垂向应力阶段,即弹性阶段,因此不会产生破坏,仅产生较小的蠕变变形。

(2)初始垂向应力对煤岩力学特性的影响

图 3-36 所示为不同初始垂向应力条件下类岩区域 A、区域 B 峰值强度变化特征。由图 3-36 可知,当应力转移速度一定时,无论是区域 A 还是区域 B,随着初始垂向应力的增加,岩石的峰值强度都降低。由广义胡克定律可知,当初始水平应力一定时,初始垂向应力越大,由初始垂向应力和水平应力引起的区域间(区域

B 对区域 A、区域 C 对区域 B)的反作用力越大,进而促进了临近区域的损伤破坏,使得临近区域在逐渐受压过程中破坏加剧,抗压强度降低。另外,可以发现在同一应力转移速度条件下,伴随初始垂向应力的增大,区域 A 和区域 B 峰值强度曲线的递减斜率不同。当应力转移速度为 1kN/s 时,区域 A、区域 B 的峰值强度曲线斜率分别为–0.255 和–1.661;当应力转移速度为 3kN/s 时,区域 A、区域 B 的峰值强度曲线斜率分别为–0.530 和–0.203;当应力转移速度为 5kN/s 时,区域 A、区域 B 的峰值强度曲线斜率分别为–0.504 和–0.491。由此可知,初始垂向应力对区域 A 和区域 B 的强度的影响程度不同。

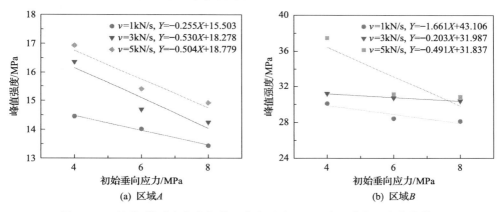

图 3-36　不同初始垂向应力条件下类岩区域 A、区域 B 峰值强度变化特征

当应力转移速度为 1kN/s 时,初始垂向应力由 4MPa 增加到 6MPa 时,区域 A 峰值强度递减 3.0%,区域 B 峰值强度递减 5.6%;初始垂向应力由 6MPa 增加到 8MPa 时,区域 A 峰值强度递减 5.9%,区域 B 峰值强度递减 1.0%。伴随初始垂向应力的增加,区域 A 峰值应力递减量逐渐增大,区域 B 峰值应力递减量逐渐减小,即区域 A 峰值强度伴随初始垂向应力的增加敏感性增加,而区域 B 递减。

当应力转移速度为 3kN/s 时,初始垂向应力由 4MPa 增加到 6MPa 时,区域 A 峰值强度递减 10.2%,区域 B 峰值强度递减 1.6%;初始垂向应力由 6MPa 增加到 8MPa 时,区域 A 峰值强度递减 3.0%,区域 B 峰值强度递减 1.0%。伴随初始垂向应力的增加,区域 A 和区域 B 峰值强度的敏感性都增加,但增幅不同,区域 A 大于区域 B。

当应力转移速度为 5kN/s 时,初始垂向应力由 4MPa 增加到 6MPa 时,区域 A 峰值强度递减 9.0%,区域 B 峰值强度递减 17.0%;初始垂向应力由 6MPa 增加到 8MPa 时,区域 A 峰值强度递减 4.9%,区域 B 峰值强度递减 1.1%。伴随初始垂向应力的增加,区域 A 和区域 B 峰值强度的敏感性都递减,但递减幅度不同,区域

B 大于区域 A。

图 3-37 所示为不同初始垂向应力条件下类岩区域 A、区域 B 峰值应变特征。由图 3-37 可知,当应力转移速度一定时,无论是区域 A 还是区域 B,随着初始垂向应力的增加,岩石的峰值变形都降低。产生这一现象的主要原因也是由于初始垂向应力越大,由初始垂向应力和水平应力引起的区域间的反作用力越大,临近区域的损伤破坏越高,类岩从初始垂向应力阶段到峰值强度阶段变形时间越短,类岩在更小的变形下即损伤破坏。另外,可以发现在同一应力转移速度条件下,伴随初始垂向应力的增大,区域 A 和区域 B 的峰值变形曲线的递减斜率也不同。当应力转移速度为 1kN/s 时,区域 A、区域 B 的峰值应变曲线斜率分别为–0.081 和–1.226;当应力转移速度为 3kN/s 时,区域 A、区域 B 的峰值应变曲线斜率分别为–0.116 和–0.136;当应力转移速度为 5kN/s 时,区域 A、区域 B 的峰值应变曲线斜率分别为–0.112 和–0.209。由此可知,初始垂向应力对区域 A 和区域 B 的变形的影响程度也不同。

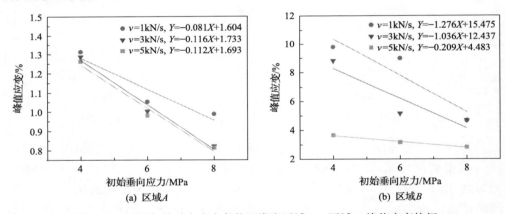

(a) 区域 A (b) 区域 B

图 3-37   不同初始垂向应力条件下类岩区域 A、区域 B 峰值应变特征

当应力转移速度为 1kN/s 时,初始垂向应力由 4MPa 增加到 6MPa 时,区域 A 峰值应变递减 19.8%,区域 B 峰值应变递减 8.1%;初始垂向应力由 6MPa 增加到 8MPa 时,区域 A 峰值应变递减 6.0%,区域 B 峰值应变递减 48.0%。伴随初始垂向应力的增加,区域 A 峰值应变递减量逐渐减小,区域 B 峰值应变递减量逐渐增大,即区域 A 峰值应变伴随初始垂向应力的增加敏感性降低,而区域 B 增加。

当应力转移速度为 3kN/s 时,初始垂向应力由 4MPa 增加到 6MPa 时,区域 A 峰值应变递减 22.0%,区域 B 峰值应变递减 42.0%;初始垂向应力由 6MPa 增加到 8MPa 时,区域 A 峰值应变递减 18.0%,区域 B 峰值应变递减 9.2%。伴随初始垂向应力的增加,区域 A 和区域 B 峰值应变的敏感性都递减,但递减幅度不同,区域 B 大于区域 A。

当应力转移速度为 5kN/s 时，初始垂向应力由 4MPa 增加到 6MPa 时，区域 A 峰值应变递减 22.0%，区域 B 峰值应变递减 13.7%；初始垂向应力由 6MPa 增加到 8MPa 时，区域 A 峰值应变递减 17.0%，区域 B 峰值应变递减 10.5%。伴随初始垂向应力的增加，区域 A 和区域 B 峰值应变的敏感性也都递减，但递减幅度区域 A 大于区域 B。

总体上，初始垂向应力影响岩石的峰值强度和峰值变形，初始垂向应力越大，类岩各区域的峰值强度和峰值变形越低，且对各区域的影响程度不同。这说明，应力环境对于分析岩石的力学性质具有很大影响，有时虽然趋势接近，但是量化结果却不能等同，实际工程问题应采用更加符合工程实际的力学环境进行分析。

(3) 初始垂向应力对声发射信号的影响

图 3-38 所示为不同采动应力条件下类岩各区域应力-时间-撞击曲线。表 3-9 所示为不同采动应力条件下类岩区域 A、区域 B 声发射最大撞击及最大撞击发生时间。通过分析可知，由于消去了初始垂向应力的声发射信号，声发射在应力加载及转移过程中，经历撞击信号数少—撞击信号突增—撞击数减少—撞击数平稳上升四个过程。前两个过程对应区域 A 的加载过程，后两个过程对应区域 B 的加载过程。区域 A 的声发射撞击特征与单轴压缩类似，而区域 B 的声发射撞击特征类似于三轴压缩。另外，可以看出类岩材料声发射最大撞击的区域特性也比较明显，当固定初始垂向应力和应力转移速度时，区域 A 最大撞击数值是区域 B 的 1.3～2.5 倍，笔者以为这是因为区域 A 脆性破坏，区域 B 延性破坏。

图 3-39 所示为不同初始垂向应力条件下区域 A、区域 B 最大撞击信号变化曲线。由图 3-39 可知，当应力转移速度一定时，无论是区域 A 还是区域 B，随着初始垂向应力的增加，声发射的最大撞击信号都逐渐减小。声发射撞击信号的产生是由于类岩内部颗粒挤压或者微粒破裂导致的。初始垂向应力越大，类岩初始应力过程中压密闭合程度越好。类岩后期加载过程中，由于颗粒挤压产生的声发射信号越小，同时较大的初始垂向应力对临近区域的损伤破坏诱导作用越强，临近区域在逐渐受压过程中破坏加剧，破坏过程加快，峰值破坏前后的短时间内产生的破坏面(块)减少，声发射信号强度较小。另外，可以发现在同一应力转移速度条件下，伴随初始垂向应力的增大，区域 A 和区域 B 最大撞击信号曲线的斜率不同。当应力转移速度为 1kN/s 时，区域 A、区域 B 的最大撞击信号曲线斜率分别为 –373.0 和 –296.0；当应力转移速度为 3kN/s 时，区域 A、区域 B 的最大撞击信号曲线斜率分别为 –84.5 和 –96.5；当应力转移速度为 5kN/s 时，区域 A、区域 B 的最大撞击信号曲线斜率分别为 –24.3 和 –40.8。由此可知，初始垂向应力对于区域 A 和区域 B 的最大撞击信号的影响程度不同。

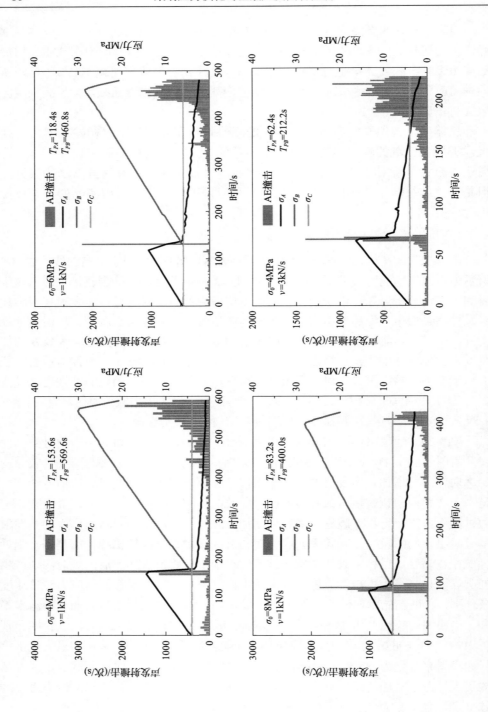

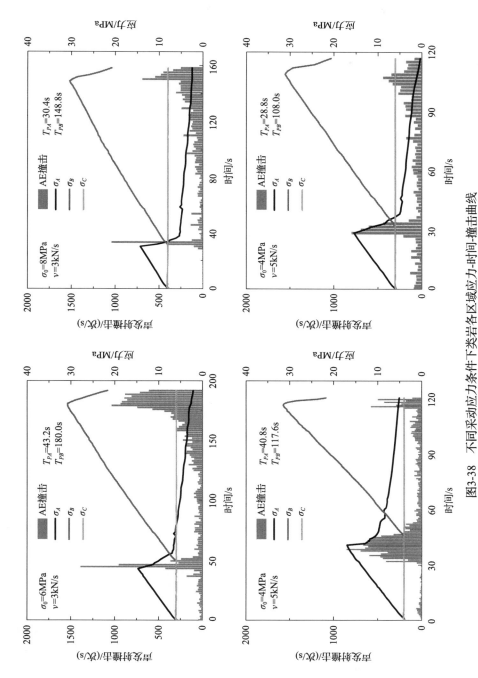

图3-38　不同采动应力条件下类岩各区域应力-时间-撞击曲线

σ_0—初始水平应力；ν—应力转移速度；σ_A—区域A处应力；σ_B—区域B处应力；σ_C—区域C处应力；T_{PA}、T_{PB}—区域A、区域B发生最大撞击的时间

表 3-9　不同采动应力条件下类岩区域 A、区域 B 声发射最大撞击及发生时间

试验编号	最大撞击/(次/s)		最大撞击发生时间/s	
	区域 A	区域 B	区域 A	区域 B
1	3350	1939	153.6	569.6
2	2191	1171	118.4	460.8
3	1858	754	83.2	400.0
4	1411	1080	62.4	212.2
5	1391	1035	43.2	180.0
6	1073	694	30.4	148.8
7	853	579	40.8	117.6
8	801	442	28.8	108.0
9	756	416	24	105.0

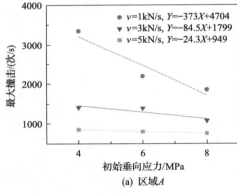
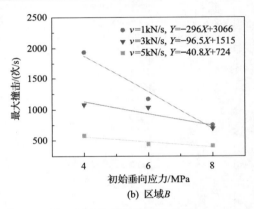

图 3-39　不同初始垂向应力条件下区域 A、区域 B 最大撞击信号变化曲线

　　当应力转移速度为 1kN/s 时，初始垂向应力由 4MPa 增加到 6MPa 时，区域 A 最大撞击信号递减 34.6%，区域 B 最大撞击信号递减 39.6%；初始垂向应力由 6MPa 增加到 8MPa 时，区域 A 最大撞击信号递减 15.2%，区域 B 最大撞击信号递减 35.6%。伴随初始垂向应力的增加，区域 A 最大撞击信号递减程度逐渐递减，但区域 B 最大撞击信号也逐渐递减。

　　当应力转移速度为 3kN/s 时，初始垂向应力由 4MPa 增加到 6MPa 时，区域 A 最大撞击信号递减 1.4%，区域 B 最大撞击信号递减 4.1%；初始垂向应力由 6MPa 增加到 8MPa 时，区域 A 最大撞击信号递减 22.8%，区域 B 最大撞击信号递减 32.9%。伴随初始垂向应力的增加，区域 A 和区域 B 最大撞击信号的敏感性都增加，但增幅不同，区域 B 大于区域 A。

　　当应力转移速度为 5kN/s 时，初始垂向应力由 4MPa 增加到 6MPa 时，区域 A 最大撞击信号递减 6.1%，区域 B 最大撞击信号递减 23.6%；初始垂向应力由 6MPa

增加到 8MPa 时,区域 A 最大撞击信号递减 5.6%,区域 B 最大撞击信号递减 5.8%。伴随初始垂向应力的增加,区域 A 和区域 B 最大撞击信号的敏感性都降低,但降低幅度不同,区域 A 仅略微降低,区域 B 降低较大。

(4) 应力转移速度对煤岩力学特性的影响

图 3-40 所示为不同应力转移速度条件下区域 A、区域 B 峰值强度变化特征。由图 3-40 可知,当初始垂向应力一定时,无论是区域 A 还是区域 B,随着应力转移速度的增加,类岩的峰值强度都增加。应力转移速度不同,对岩石的损伤破坏程度和形式不同。伴随应力转移速度的增加,同一时间作用于岩体上的应力强度变大,对岩体造成的瞬时损伤加剧,使岩体的破坏模式由剪切破坏变为张拉破坏。同时,可以看出同一初始垂向应力条件下,伴随应力转移速度的增大,岩石各区域的峰值强度递增斜率不同。当初始垂向应力为 4MPa 时,区域 A、区域 B 的峰值应变曲线斜率分别为 1.240 和 3.688;当初始垂向应力为 6MPa 时,区域 A、区域 B 的峰值应变曲线斜率分别为 0.691 和 1.343;当初始垂向应力为 8MPa 时,区域 A、区域 B 的峰值应变曲线斜率分别为 0.742 和 1.349。应力转移速度对类岩各区域的峰值强度的影响不同。

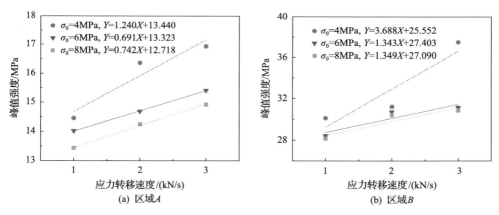

图 3-40　不同应力转移速度条件下区域 A、区域 B 峰值强度变化特征

当初始垂向应力为 4MPa 时,应力转移速度由 1kN/s 增加到 3kN/s 时,区域 A 峰值强度增加 11.7%,区域 B 峰值强度增加 3.5%;应力转移速度由 3kN/s 增加到 5kN/s 时,区域 A 峰值强度增加 3.4%,区域 B 峰值强度增加 16.7%。伴随应力转移速度的增加,区域 A 峰值应力递增量逐渐减小,区域 B 峰值应力递增量逐渐增大。

当初始垂向应力为 6MPa 时,应力转移速度由 1kN/s 增加到 3kN/s 时,区域 A 峰值强度增加 4.5%,区域 B 峰值强度增加 7.4%;应力转移速度由 3kN/s 增加到 5kN/s 时,区域 A 峰值强度增加 4.8%,区域 B 峰值强度增加 1.3%。伴随应力转移速度的增加，区域 A 峰值强度的敏感性略微增加，而区域 B 递减。

当初始垂向应力为 8MPa 时，应力转移速度由 1kN/s 增加到 3kN/s 时，区域 A 峰值强度增加 5.7%，区域 B 峰值强度增加 7.4%；应力转移速度由 3kN/s 增加到 5kN/s 时，区域 A 峰值强度增加 4.5%，区域 B 峰值强度增加 1.4%。伴随应力转移速度的增加，区域 A 和区域 B 峰值强度的敏感性都递减，但递减幅度不同，区域 B 大于区域 A。

由图 3-41 可知，当初始垂向应力一定时，无论是区域 A 还是区域 B，峰值应变随着应力转移速度的增加而减小。这是因为应力转移速度越大，同一时刻作用于类岩上的应力越大，类岩的瞬时损伤越大，导致类岩在没有较大变形的情况下即损伤破坏。同时，可以看出在同一初始垂向应力条件下，伴随应力转移速度的增大，岩石各区域的峰值应变递减斜率不同。当初始垂向应力为 4MPa 时，区域 A、区域 B 的峰值应变曲线斜率分别为–0.025 和–3.056；当初始垂向应力为 6MPa 时，区域 A、区域 B 的峰值应变曲线斜率分别为–0.036 和–2.911；当初始垂向应力为 8MPa 时，区域 A、区域 B 的峰值应变曲线斜率分别为–0.088 和–0.923。应力转移速度对岩石各区域的峰值变形的影响不同。

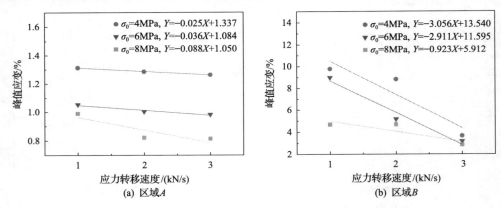

图 3-41　不同应力转移速度条件下区域 A、区域 B 峰值应变特征

当初始垂向应力为 4MPa 时，应力转移速度由 1kN/s 增加到 3kN/s 时，区域 A 峰值应变递减 2.1%，区域 B 峰值应变递减 9.8%；应力转移速度由 3kN/s 增加到 5kN/s 时，区域 A 峰值强度递减 1.8%，区域 B 峰值应变递减 58.4%。伴随应力转移速度的增加，区域 A 的峰值应变递减量逐渐减小，区域 B 的峰值应变递减量增加。

当初始垂向应力为 6MPa 时，应力转移速度由 1kN/s 增加到 3kN/s 时，区域 A 峰值应变递减 4.7%，区域 B 峰值应变递减 42.7%；应力转移速度由 3kN/s 增加到 5kN/s 时，区域 A 峰值强度递减 2.2%，区域 B 峰值应变递减 38.5%。伴随应力转移速度的增加，区域 A 和区域 B 峰值应变的敏感性都递减，但递减幅度不同，区域 B 大于区域 A。

当初始垂向应力为 8MPa 时，应力转移速度由 1kN/s 增加到 3kN/s 时，区域 A 峰值应变递减 16.8%，区域 B 峰值应变递减 0.8%；应力转移速度由 3kN/s 增加到 5kN/s 时，区域 A 峰值强度递减 0.9%，区域 B 峰值应变递减 39.4%。伴随应力转移速度的增加，区域 A 峰值变形的敏感性骤降，相反区域 B 峰值应变的敏感性骤增。

应力转移速度影响岩石的峰值强度和峰值变形。应力转移速度越大，煤岩各区的峰值强度越高，但峰值应变越低，且不同应力转移速度对类岩各区域的影响程度不同，与初始垂向应力息息相关。

(5)应力转移速度对声发射信号的影响

图 3-42 所示为不同应力转移速度条件下区域 A、区域 B 最大撞击信号变化曲线。由图 3-42 可知，当初始垂向应力一定时，无论是区域 A 还是区域 B，随着应力转移速度的增加，声发射的最大撞击信号都逐渐减小。应力转移速度越大，对类岩造成的瞬时损伤越大，类岩损伤破坏加速，峰值破坏过程中，破坏程度越大。同时，分析同一初始垂向应力条件下类岩各区域的最大撞击信号可知，在同一垂向应力条件下，随着应力转移速度的增大，区域 A 和区域 B 最大撞击信号曲线的斜率不同。当初始垂向应力为 4MPa 时，区域 A、区域 B 最大撞击信号曲线斜率分别为–1284 和–680；当初始垂向应力为 6MPa 时，区域 A、区域 B 最大撞击信号曲线斜率分别为–695 和–365；当初始垂向应力为 8MPa 时，区域 A、区域 B 最大撞击信号曲线斜率分别为–551 和–169。应力转移速度对岩石各区域最大撞击信号的影响不同。

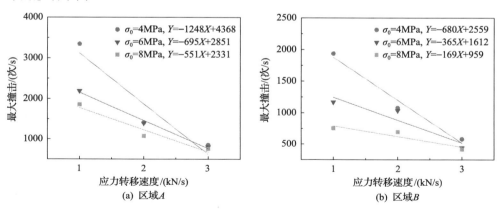

图 3-42　不同应力转移速度条件下区域 A、区域 B 最大撞击信号变化曲线

当初始垂向应力为 4MPa 时，应力转移速度由 1kN/s 增加到 3kN/s 时，区域 A

最大撞击信号递减 57.9%，区域 B 最大撞击信号递减 44.3%；应力转移速度由 3kN/s 增加到 5kN/s 时，区域 A、区域 B 最大撞击信号分别递减 39.5%、46.4%。伴随应力转移速度的增加，区域 A 最大撞击信号递减程度逐渐递减，但区域 B 最大撞击信号递减量略微增加。

　　当初始垂向应力为 6MPa 时，应力转移速度由 1kN/s 增加到 3kN/s 时，区域 A、区域 B 最大撞击信号分别递减 36.5%、11.6%；应力转移速度由 3kN/s 增加到 5kN/s 时，区域 A、区域 B 最大撞击信号分别递减 42.4%、57.3%。伴随应力转移速度的增加，区域 A 和区域 B 最大撞击信号的敏感性都增加，区域 B 增幅大于区域 A。

　　当初始垂向应力为 8MPa 时，应力转移速度由 1kN/s 增加到 3kN/s 时，区域 A 最大撞击信号递减 42.2%，区域 B 最大撞击信号递减 8.0%；应力转移速度由 3kN/s 增加到 5kN/s 时，区域 A 最大撞击信号递减 29.5%，区域 B 最大撞击信号递减 40.1%。伴随应力转移速度的增加，区域 A 最大撞击信号的敏感性逐渐递减，而区域 B 的敏感性骤增。

3. 采动应力演化特征规律

　　图 3-43 所示为煤岩压缩应力-时步曲线，图中完整煤岩曲线代表煤岩整体平均应力(墙体加载应力)变化特征，其余 3 条曲线分别代表测量区域 A、区域 B、区域 C 的应力变化特征。图 3-44 所示为煤岩压缩应力集中系数-时步曲线，这里所定义的应力集中系数为

$$K = \frac{\sigma_i}{\sigma} \tag{3-34}$$

式中，σ_i 为第 i 个测量区域某一时刻的应力；σ 为模型整体某一时刻的平均应力。

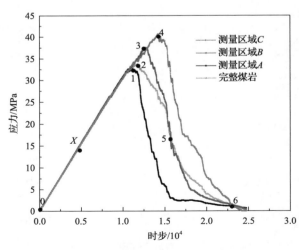

图 3-43　煤岩压缩应力-时步曲线

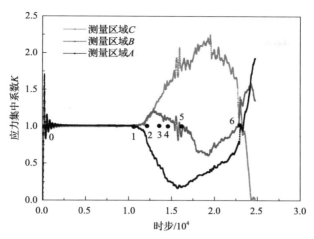

图 3-44 煤岩压缩应力集中系数-时步曲线

由图 3-43 可知，伴随煤岩压缩应力的不断变化，煤岩整体与局部测量区域 A、区域 B、区域 C 都具有相同的应力演化特征，都经历了初始压缩密实阶段、弹性变形阶段、塑性变形阶段及损伤残余阶段四个时期。与传统煤岩压缩试验不同的是，数值模型初始压密阶段上凹特性不明显，这是因为在颗粒流程序中，模拟煤岩的颗粒小球为刚性球，不产生变形。在煤岩压缩密实阶段和弹性变形阶段，煤岩整体与局部测量区域 A、区域 B、区域 C 变化特征相同，但在塑性变形阶段及损伤残余阶段表现为不同的力学性质，这是采动应力时空运动的关键阶段。

由图 3-44 可知，在煤岩压缩过程中，煤体局部应力集中程度有明显的时空效应。在煤岩整体受力逐步增加过程中[图 3-43 中的完整煤岩曲线 0～X～2 点，点 X～点 2 可以反映实际工程煤岩体受力由原始应力（点 X）到突然卸荷应力集中过程]，三个测量区域中的应力也逐步增加，各监测区域应力集中系数近似为 1。但在整体煤样受力达到应力峰值之前某 t_1 时域（图 3-43 中的 1～2 点），外部煤岩（测量区域 A）应力集中系数开始减小，说明测量区域 A 中煤岩体产生损伤破坏，导致其自身力学承载能力降低，应力开始转移到内部。

由表 3-10 可知，在关键点 1 处，即测量区域 A 的应力峰值处，煤岩区域 A、区域 B、区域 C 及完整煤岩的应力值都近似为 32.8MPa，时间为 11005 时步；在关键点 2 处，即完整岩体在达到应力峰值时，煤岩区域 A、区域 B、区域 C 及完整煤岩的应力值分别为 31.4MPa、35.1MPa、34.6MPa 及 33.7MPa，时间为 11778 时步。完整煤岩应力较点 1 增加了 0.9MPa，测量区域 A 降低了 1.4MPa，测量区域 B 升高了 2.3MPa，测量区域 C 升高了 1.8MPa。测量区域 B 和测量区域 C 不仅要承受自身增加的应力，还要承受区域 A 转移过来的应力。此后，在 t_2 时域（图 3-43 中的 2～3 点），中部煤岩（测量区域 B）达到应力峰值，但应力集中系数仍大于 1，说明中部煤岩可以继续超额承担煤岩整体的部分应力，并且比测量区域 C 承受的附加应力要多。随后，应力继续向煤体内部转移，在 t_3 时域(图 3-43 中的 3～4 点)，内部煤岩(测量区域 C)达到应力峰值，测量区域 A、区域 B 的应力不断降低，但测量区域 B 应力集中系数仍大于 1，说明还可以承受测量区域 A 转移部分应力，测量区域 A 转移到内部的力主要由测量区域 C 承担，因测量区域 C 应力集中系数仍持续升高。此后，煤岩各个区域承载能力开始降低，在 t_4 时域(图 3-43 中的 4～5 点)，中部煤岩损伤应力集中系数下降，煤岩整体的损伤应力主要由内部煤岩承担。再后(此时整体煤岩的名义应力为峰值应力的 46.8%)，直到完整煤岩完全失去承载能力的 t_5 时域(图 3-43 中的 5～6 点)，中部煤岩损伤应力集中系数小于 1，残余损伤应力完全集中于煤岩内部。

表 3-10　关键点 1～5 应力演化特征

时间/步	区域 A 应力/MPa	区域 B 应力/MPa	区域 C 应力/MPa	完整煤岩应力/MPa
11005 点 1	32.8	32.8	32.8	32.8
11778 点 2	31.4	35.1	34.6	33.7
12513 点 3	23.7	37.6	36.1	32.2
14233 点 4	10.6	29.7	40.2	26.8
15670 点 5	3.2	18.3	33.3	18.2

综上所述，煤岩损伤演化过程具有明显的时空特征，各空间位置的应力伴随时间有以下关系：

$$\begin{cases} \sigma_A = K_{Ai}\sigma; \\ \sigma_B = K_{Bi}\sigma; \\ \sigma_C = K_{Ci}\sigma; \\ t = t_i \end{cases} \begin{cases} K_{A0}=1 & K_{A4} \leqslant K_{A3} \leqslant K_{A2} \leqslant K_{A1} \leqslant 1 & K_{A5} \leqslant 1 \\ K_{B0}=1 & K_{B2} \geqslant K_{B3} \geqslant K_{B4} \geqslant K_{B1} \geqslant 1 & K_{A5} \leqslant 1 \\ K_{C0}=1 & K_{C4} \geqslant K_{C3} \geqslant K_{C2} \geqslant K_{C1} \geqslant 1 & K_{A5} \geqslant 1 \\ t = 0:t_1 & t=t_1:t_4 & t=t_5 \end{cases} \quad (3-35)$$

式中，K_{ni} 为第 i 时间范围内各空间监测区域的应力集中系数，$n=A$、B、C。

图 3-45 所示为采动应力演化云图，由云图可知，在煤岩测量区域内，随着时间的推移，应力云图经历了由小到大再到小的分布特征，且应力峰值左侧区域与右侧不对称，左侧呈均匀增加型，右侧为波动演化型，这与应力-时间曲线相对应。

对比测量区域 A、区域 B 及区域 C 的云图可知，在一定范围煤体内，煤岩外部区域(测量区域 A)应力演化时间最短，越往煤岩内部(测量区域 B 或测量区域 C)，应力演化周期越长且应力集中程度越高。同时可知，无论煤岩内部区域还是外部区域，煤岩采动应力演化特征近乎相同，当超过各自极限强度后，残余损伤应力内部区域大于外部区域。

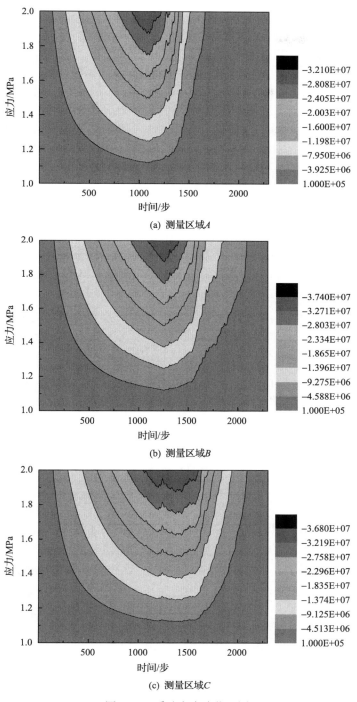

(a) 测量区域*A*

(b) 测量区域*B*

(c) 测量区域*C*

图 3-45　采动应力演化云图

第4章　采场动力灾害预控关键技术

深部煤炭资源是我国今后的主要后备能源保障。中国是世界上深部煤矿开采建设规模、难度和数量最大的国家，深部煤炭资源的安全高效开采是我国大部分煤矿开采必须面临的关键问题。煤矿典型动力灾害主要包括冲击地压、矿井突水、巷道围岩大变形等，具有突然、急剧、猛烈等特点，是煤矿井工开采中发生的极其复杂的动力现象，其本质是矿山开采过程中的应力场扰动或应变增加所诱发的微破裂萌生、发展、贯通直至失稳发生[151-155]。采动是引起动力灾害事故的根源。

进入深部开采后，相关动力灾害的严重程度与开采深度呈非线性增强的发展态势，面临高原岩地应力、高采动次生应力等新的不利开采环境，加之采动岩体力学行为的非线性特征趋于显著，岩体对开采扰动和外部动力响应的敏感程度增加，导致岩体采动的非线性响应使机理变得更为复杂，冲击地压和煤与瓦斯突出灾害间的相互作用凸显，矿震及强烈地震应力场对深井煤矿动力灾害的诱发作用增强，地下水体的蓄积和成灾难以及时察觉，顶板大面积来压灾害危险性增加。各类动力灾害不仅各自在发生频率、强度和规模上表现出逐步上升的趋势，而且多灾害耦合并发现象也将会更为突出，特别是由于动力灾害等诱发的继发性灾难在这些年多有发生。频繁发生的煤矿动力灾害事故使我国煤炭安全绿色开采面临严峻挑战。到目前为止，动力灾害防治仍是世界性难题，预防难度大，危险程度高，其防治水平直接关系到煤矿安全发展的整体水平。有效控制深部采场煤岩结构体在工程力驱动下产生重大动力灾害，是我国深部煤矿安全保障体系建设中的重要议题。

在近半个世纪里，国内外众多学者和科技人员在动力灾害的机理、预报预测技术、防控技术等方面开展了大量的研究工作，奠定了指导生产实践的理论基础和应用技术，为采矿业的安全做出了重大贡献。总地来看，冲击地压等动力灾害事故与采深有密切关系，即随着采深的增加，其引起覆岩自重压力增大和构造应力增强，表现为采场矿压显现剧烈、围岩发生剧烈变形、巷道和采场失稳及易发生破坏性的动力灾害事故。归纳其原因，无论何种动力灾害，均是因为采矿活动导致煤岩体受力状态发生变化。在采动应力作用下，煤岩体产生损伤破坏进而导致失稳诱发动力灾害[156]。针对动力灾害研究现状，本章着重阐述煤矿典型动力灾害致灾机理及预控关键技术研究，以期为从根本上扭转我国冲击地压、顶板透水、巷道围岩大变形等灾害事故多发的现状提供助力。

4.1　冲击地压灾害预控关键技术

我国首例冲击地压于 1933 年发生在抚顺胜利煤矿。有资料显示我国冲击地压矿井数量、覆盖省份均在不断增加。冲击矿压的实质是处于高应力状态下的煤或岩石在短时间内产生弹性能释放的现象，其随具体条件不同而表现为大量煤、岩粉碎后抛出，煤层整体位移，煤、岩脆性破坏，煤层或围岩产生瞬时弹性震动或发出巨响。这些形式可单独出现，或几种形式同时出现，从而造成不同的冲击矿压显现形式。

4.1.1　冲击地压灾害概述

表述采矿和地下岩石工程中产生的岩体快速破裂失稳并产生冲击、震动或声响等动力现象，学术刊物中使用的名称包括冲击地压、岩爆、矿震、煤炮、煤爆（Coal Burst）、微震、冲击矿压等概念。各概念之间相互区别又相互联系。"冲击地压"是采动空间周边煤（岩）在矿山压力作用下以煤（岩）突出为特征的矿山压力（动力）显现，是煤矿重大事故灾害。在储存高强度压缩弹性能有"冲击倾向性"的煤（岩）中，特别是能量聚集部位，开掘巷道和推进回采工作面（采动）引发相应弹性能的释放是冲击地压发生的根源。采动围岩中储存的高强度压缩弹性能包括煤（岩）中的压缩弹性能和采动空间覆岩（顶底板）岩层弯曲（压缩）弹性能是冲击地压发生的主动力。因此，本节首先对冲击地压相关概念进行阐述，结合矿山压力理论及矿山动力学理论对冲击地压发生的原因及条件进行细致分析，归纳采动应力与冲击地压事故之间的联系，为现场分析处理冲击地压灾害事故提供理论指导依据。

1. 冲击地压相关概念及分类方法研究

我们常将发生在煤矿煤层巷道掘进和采煤工作面的动力现象习惯称为冲击地压或冲击矿压，无论其发生在煤体中还是发生在顶底板的岩层中。其中，将发生在煤体较深部位但可听到声响和感到轻微震动的现象称为煤爆或煤炮；将发生在硬岩工程和煤矿岩石巷道工程的动力现象称为岩爆；地震学将微震设备可观测到的岩体破裂归类为采矿诱发地震，简称矿震，但采矿与工程界更趋向于将发生在远离采场的强能量释放称为矿震，以区别没有产生明显冲击和震动的微震。新修订的《煤矿安全规程》也将"冲击地压"和"岩爆"两个名词等同对待，定义为井巷或工作面周围煤岩体由于弹性变形能的瞬时释放而产生的突然、剧烈破坏的动力现象，常伴有煤岩体抛出、巨响及气浪等现象。随着对岩体动力破坏失稳现象、机理认识的逐渐深入，大多数专家学者认为，冲击地压、岩爆和矿震等动力灾害尽管具有一定的相似性，或者在一定程度上可以相互替换使用，但是它们无论在现象上、构成介质的岩性上还是在发生机理及控制方法上都具有实质性的差异。在研究应结合工程背景展开，而不应避开工程背景而空谈其力学本质是相同的，岩爆及冲击地压等应区别使用，注意区分不同术语的使用环境和使用范围，从而使研究内容针对性更强[157,158]。

(1)冲击地压

冲击地压是指采动空间周边煤(岩)在矿山压力作用下以煤(岩)突出为特征的矿山压力(动力)显现，是煤矿重大事故灾害。由于采矿工程的相对临时性，通常把这种动力现象是否具有影响安全生产的"灾害破坏性"作为发生冲击地压的标志。

齐庆新教授[159]在总结我国煤矿冲击地压现状基础上，归纳出冲击地压现象具有下列基本特征：冲击地压多发生在回采期间的超前巷道内，通常超前工作面0～80m的范围内。冲击地压发生后，煤壁大范围片帮、煤从煤体中抛出。煤矿冲击地压通常发生在工作面前方采动应力影响范围内，在应力集中和采动应力共同影响下，诱发冲击地压(图4-1)。发生冲击地压的煤岩体，其煤层顶底板在冲击地压发生后并不发生或明显发生破坏和变形；而煤体却发生破坏并整体移出，还在煤层与顶底板之间产生明显的滑动擦痕和离层(离层高度为0.1～0.15m甚至更大)。冲击地压往往发生在顶板来压、支架移架或回柱放顶、放炮等工艺过程中。冲击地压多发生在煤层变薄带、断层、褶曲等地质构造区附近，构造应力相对较大。发生冲击地压的煤岩层具有典型的"三硬"结构特征，即硬煤、硬顶和硬底，并且往往在顶板与煤层之间存在一层较薄的粉状软煤(厚0.1～0.2m)。冲击地压发生后，巷道断面收缩明显，通常可达50%～70%，甚至达到90%。

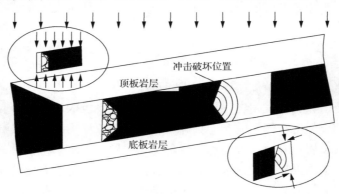

图4-1　巷道冲击地压现象描述

(2)岩爆

岩爆是高地应力条件下地下工程开挖过程中，硬脆性围岩因开挖卸荷导致储存于岩体中的弹性应变能突然释放，因而产生爆裂松脱、剥落、弹射甚至抛掷的一种动力失稳地质灾害[160,161]。宫凤强博士建议在岩爆具体研究中将煤矿中提到的"岩爆"用"煤爆"（Coal Burst）代替，而普遍意义上的"岩爆"则专指深部硬岩工程的岩爆。

钱七虎[162]在引述了五种国际权威学者关于岩爆的机制和定义的基础上，将岩爆分为断层滑移或断裂滑移型和岩石破坏导致的应变型，并认为冲击地压发生机制与断裂滑移型或剪切型岩爆为同一类型；唐春安[115]指出岩爆的本质是准静态结构在接近临界状态后受应力波扰动所发生的动力过程，岩爆发生在结构承载力降低幅度高于结构刚度降低幅度的条件下；何满潮等[6]从能量角度分析认为岩石破坏是在破坏能和多余能量共同作用下产生的，破坏能主要用于岩石破坏、形成裂纹，多余能量诱发岩爆，并进一步将岩爆分为开挖型和开挖-冲击诱发型两大类。

齐庆新等[25]总结了金属矿山和水电隧道工程中的岩爆现象，归纳岩爆现象具有以下典型特征：岩爆发生时，通常伴有明显的声响特征，且因岩爆的规模大小不同，声响也不同。岩爆引起的岩石破坏以片状弹射为显著特征。通常情况下，岩爆引起的岩石弹射，其弹射距离通常多在 5m 以下，较大岩爆的弹射距离可达10m 以上。岩爆的发生与地应力方向具有密切的关系（图 4-2）。

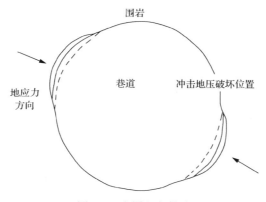

图 4-2　岩爆现象描述

（3）矿震

从字面意义而言[159]，矿震主要是指发生在采矿过程中的震动事件，特别专指矿体开采过程中所诱发的地震或发生在井矿工程条件下的地层震动。就从属关系而言，冲击地压发生时伴随着巷道的变形及其他动力现象，该过程中会出现地层震动，所以冲击地压发生时一定伴随有矿震，反之则不成立。矿震的主要特征在于矿山工程中发生的震动事件，而冲击地压的主要特征在于采掘空间的破坏性和灾害性，不能简单地认为矿震与冲击地压两者等同。同时，矿震发生环境包含煤矿、石膏矿、金属矿等多种井矿开采环境，而冲击地压一般用于煤矿地下开采环境，二者的适用范围也不相同。

(4) 煤炮

煤炮是指在煤层开采过程中，由于岩体震动、顶板断裂或小范围岩体变形卸压显现出来的煤体深部发生错动产生的响声(闷雷声、机枪声、沙沙声等)，是煤体中积聚的能量瞬间释放时所产生的动力现象[163]，常作为煤与瓦斯突出的有声预兆。煤炮声一般会出现在应力集中区，如地质构造带、煤柱影响区或采掘应力集中区。当煤炮声由远而近时，说明可能立即就会发生煤与瓦斯突出。

(5) 微震

微震主要指岩石破裂或流体扰动所产生的微小震动，广义的微震又可分为工程微震(micro seism)和天然微地震(micro earthquake)。煤矿中冲击地压过程中出现的微震现象主要为工程微震，表现为频率低(3~30Hz)、能量大、衰减慢、传播远等特征。从本质而言，可将微震波视为能量较小的地震波；从频率的研究范围而言，从小到大分别为地震、地震探矿、微震、声发射，但这四者之间的研究范围又有交叉，而并非界限分明。由于冲击地压过程中伴随着煤岩体的破裂会产生微震信号，因此可以利用微震监测技术进行震源定位、裂缝识别、冲击危险性预警等[164,165]。冲击地压发生时一定伴随有微震事件，但发生微震事件时却不一定会发生冲击地压。

冲击地压形成的力学环境、发生地点、宏观和微观的显现形态多种多样，冲击破坏强度和所造成的破坏程度也各不相同。冲击地压可根据应力状态、显现强度和发生的不同位置进行分类，目前最主要的冲击地压分类方法有以下几种：

1) 根据冲击时释放的地震能量将冲击地压划分为微冲击、弱冲击、中等冲击、强烈冲击和灾害性冲击五大类。微冲击主要表现为小范围岩石抛出和矿体微震动，包括射落和微震。射落是表面的局部破坏，表现为单个煤岩块弹出，并伴有射击声响；微震是煤体深部不产生粉碎和抛出的局部破坏，常伴有声响和岩体微震动。弱冲击常表现为少量煤岩抛出的局部破坏，伴有明显的声响和地震效应，但不造成严重损害，围岩产生震级在 2.2 级以下的震动。中等冲击是指急剧的脆性破坏，抛出大量岩石，形成气浪，造成几米长的巷道支架损坏和垮落，推移或损坏机电设备。强烈冲击能造成部分煤或岩石急剧破碎，大量向已采空间抛出，出现支架折损、设备移动和围岩震动，震级在 2.3 级以上，伴有巨大声响，形成大量煤尘和产生冲击波，能使长达几十米的巷道支架破坏和垮落，损坏机电设备，需要大量的修复工作。灾害性冲击能够使整个采区或一个水平内的巷道发生垮落，甚至个别情况下波及全矿，造成整个矿井报废。

2) 根据参与冲击的岩体类别将冲击地压划分为煤层冲击和岩层冲击两种类型。按照冲击地压的发生位置，可将其分为煤层冲击地压、顶板冲击地压、底板冲击地压。发生在煤体内，根据冲击深度和强度又分表面、浅部和深部冲击。按照工作空间分类。按照工作空间，可将冲击地压分为掘进工作面发生的冲击地压和采煤工作面发生的冲击地压。

3) 根据冲击力源将冲击地压分为重力应力型、构造应力型和中间型或重力-构造型。重力应力型冲击地压指主要受重力作用，没有或只有极小构造应力影响的条件下引起的冲击地压；构造应力型冲击地压指主要受构造应力(构造应力远远超过岩层自重应力)的作用引起的冲击地压；中间型或重力-构造型冲击地压指主要受重力和构造应力的共同作用引起的冲击地压。

4) 根据震级强度和抛出的矿量，可将冲击矿压分为三级：轻微冲击(Ⅰ级)，指抛出矿量在 10t 以下，震级在 1 级以下的冲击矿压；中等冲击(Ⅱ级)，指抛出矿量在 10~50t，震级在1~2级的冲击矿压；强烈冲击(Ⅲ级)，指抛出矿量在 50t 以上，震级在 2 级以上的冲击矿压。

此外，根据冲击地压的应力来源和加载形式，即启动条件进行分类的方法突出了力源因素对冲击地压的作用，与冲击地压机制、防治研究相关度最大。根据该分类依据，窦林名和何学秋[166]将冲击地压分为由采矿活动引起的采矿型冲击地压和由构造活动引起的构造型冲击地压，而采矿型冲击地压可分为压力型、冲击型和冲击压力型，构造型冲击地压可分为褶皱型和断层型；潘俊峰[167]从冲击启动条件来重新划分，将冲击地压划分为集中静载荷型和集中动载荷型两种。

2. 冲击地压事故原因及条件

理论与实践证明，并不是所有煤层开采时都会发生冲击地压，煤层在开采过程中发生冲击地压宏观上需要具备以下三个条件：

条件一：所开采的煤岩层具备冲击倾向性，煤岩层的冲击倾向性反映其材料固有属性的产生冲击式破坏的能力。煤岩的冲击倾向性可用冲击倾向度来度量，《冲击地压测定、监测与防治方法(第 2 部分)：煤的冲击倾向性分类及指数的测定方法》GB/T25217.2-2010 规定了煤的冲击倾向性分类及指数的测定方法。

条件二：发生冲击地压的采掘空间围岩载荷局部化集中，并且达到煤岩体结构系统冲击式失稳载荷极限。载荷局部化集中又分为两种情况，一种是本身就是高应力集中区，巷道一掘进产生释放空间就发生冲击地压；另一种是由于巷道、工作面的采掘导致应力重新分布造成的载荷叠加，局部集中，并发生冲击地压。

条件三：煤体中高度局部化集中的载荷有释放空间，造成采掘空间煤岩体、设备、人员受损的过程就是高集中载荷释放的过程。此种情况下，如果不开采，不形成空洞等释放空间，就不会发生冲击地压。

一般认为岩爆的主要影响因素包括煤层顶底板条件、原岩应力、埋深、煤层物理力学特性、厚度及倾角等。尽管在极浅的硬煤层中也有发生岩爆的记载，但目前统计资料仍显示随着开采深度的增加，岩爆发生次数及强度也随之上升。潘俊峰等[8]认为集中静载荷型冲击地压的发生以应力的缓慢迁移、集中并渐进式加载为主要特征,主要影响因素包括:开采深度的增加导致自重应力增大;历史构造运动导致水平构造应力增大;相邻或相向开采、孤岛煤柱导致采动应力叠加;工作面超前或巷道侧向采动应力集中;煤层厚度的变化导致局部变薄或尖灭导致应力集中;断层导致断裂区域上下盘应力集中;开采或掘进的速度太快,使煤岩体应力来不及调整等。集中动载荷型冲击地压的发生以脉冲载荷或弹性波的加载形式为主要特征,其主要影响因素包括:工作面采空区大面积悬顶的破断、滑移,大量回收煤柱后引起的悬顶破断,工作面附近断层"活化",井下放炮产生的震动波,天然地震引起的扰动。

强度比较高的煤(岩)层,受构造运动和采场推进影响而形成的高度应力集中和高能级的弹性变形能的储存是冲击地压发生的根本原因。没有采取释放应力和能量的措施,在可能有高度应力集中和高能级弹性能释放的部位推进采掘工作面,是冲击地压得以实现的条件。

有冲击倾向的高强度煤(岩)中储存的高能级弹性能包括煤(岩)受构造运动挤压储存的弹性能、坚硬顶板条件下大面积推进采场聚集的压缩弹性能和高强度大厚度坚硬岩层大面积悬露的弯曲变形弹性能。因此,了解煤田构造运动的历史和残余构造应力的现实分布,掌握具体煤层条件下的不同开采方法、不同开采参数和不同开采程序对煤(岩)应力和能量积聚及释放的影响,是冲击地压预防的关键。其应力准则和能量准则如下。

应力准则如下:

$$\sigma \geqslant \sigma_C$$

式中,σ 为煤体应力;σ_C 为单轴抗压强度。

弹性能可以按以下两式分别计算煤层由于体积变化和形状变化而形成的单位体积的弹性能:

$$W_V = \frac{(1-2\mu)(1+\mu)^2}{6E(1-\mu^2)}(\gamma H)^2 \qquad (4\text{-}1)$$

$$W_\phi = \frac{(1-2\mu)^2}{6G(1-\mu^2)}(\gamma H)^2 \qquad (4\text{-}2)$$

如果仅考虑重力作用,那么位于深度 H 处的单位煤体的总能量 W 即为 W_V 和 W_ϕ 之和:

$$W = \frac{(1+\mu)(1+2\mu)}{2E(1-\mu)}(\gamma H)^2 \qquad (4\text{-}3)$$

再考虑支撑压力区的应力集中系数 K，则式(4-3)可写为

$$W = \frac{(1+\mu)(1-2\mu)}{2E(1-\mu)}(K\gamma H)^2 \tag{4-4}$$

破碎单位体积的能量 U_2 为

$$U_2 = k_0 \frac{\sigma_C^2}{2E}(k_0 > 1) \tag{4-5}$$

按冲击地压能量条件则有

$$W > U_2 \tag{4-6}$$

3. 采动应力与冲击地压事故的关系

采动应力场和原岩应力密切相关，而且还受岩体结构、性质及采掘空间尺寸等多种因素的影响，其在空间上的分布有一定的范围，并随着采矿活动的进行和时间的推移不断演化。

冲击地压发生机理的研究是其有效防治的基础，国内外专家学者基于弹性、塑性理论和稳定性理论，对冲击地压的机理进行了深入的研究，提出了刚度理论、强度理论、能量理论、冲击倾向理论、变形系统失稳理论、剪切滑移理论、三准则理论、"三因素"理论、强度弱化减冲理论、复合型厚煤层"震冲"机理、岩体动力失稳的折迭突变机理、冲击启动理论、煤岩组合冲击机理、冲击地压和突出的统一失稳理论等，这些理论都从不同侧面揭示了冲击地压发生的条件与原理，对冲击地压的研究起到了推进作用。

冲击地压的发生是一个多因素诱发的结果，无论何种理论，最终都离不开与冲击地压最为相关的采动应力条件；同时，导致冲击地压发生的三个主要因素，即内在因素(煤岩的冲击倾向性)、力源因素(高度的应力集中或高变形能的储存与外部的动态扰动)和结构因素(具有软弱结构面和易于引起突变滑动的层状介面)同样与采动应力息息相关。因此，研究采动应力及其加载形式对冲击地压理论及防治研究具有重要意义。

(1)掘进冲击地压发生与采动应力相关关系

掘进冲击地压发生在掘进工作面推进的过程中。其中，在原始应力场中掘进煤巷发生冲击的条件是：①煤层强度较高($f > 1.5$)，含水率低($< 3\%$)，加压时发生脆性破坏，即"有冲击破坏倾向性"；②煤层厚度较大，一般超过 2m；③巷道围岩(包括煤层和顶底板)中的应力达到冲击破坏的极限。在单一重力应力场条件下达到这一极限的"临界开采深度"一般在 700~800m 以上，对于存在构造应力

的原始应力场，在开采深度超过 500～600m 的厚煤层中掘进，即有可能出现顶煤冲击破坏的事故。

在受采动影响的应力场中掘进巷道，发生冲击地压的煤层条件和应力极限要求与原始应力场中掘进的巷道一样。但考虑极限应力实现的条件时，不能再只是简单地与原始应力的性质大小和相应的开采深度联系在一起；相反，必须把掌握不同开采深度和不同采动条件下，重新分布的应力场特征及其形成和发展规律放在首要地位。与在原始应力场开掘巷道相比，在采动应力场中开掘巷道判断可能实现冲击地压要求的应力条件时必需掌握不同采动条件下采动应力场的下列重大差异：

采场推进后，原始重力应力场中的应力将重新分布。重新分布的应力场，按分布的应力大小差异分为低应力区 ($\sigma < \gamma H$)、高应力区和原始应力区三个部分。其中，低应力区包括由裂断运动岩层重力作用直接联系的"内应力场"和塑性破坏区应力小于原始应力的一部分，高应力区包括弹塑性区中应力超过原始应力的部分，原始应力区为未受采动影响的部分。显然，在同一开采深度条件下，在采动应力场中，不同部位开掘的巷道，围岩应力的大小及发生冲击地压的可能性将有重大差异。如果在高应力区开掘巷道，发生冲击地压的"临界开采深度"可能比在原始应力场中开掘的巷道减少一半；相反，如果在稳定的"内应力场"中开掘巷道，无论采深多大都没有发生冲击地压的可能。

采场推进后，原始应力场中的构造应力将视采动条件的改变及相应岩层运动破坏的发展而得到不同程度的释放。例如，在特厚煤层和煤层埋深较浅的条件下采用由下而上的"反程序"开采，以及在正常开采程序条件下实现在稳定的"内应力场"中掘巷，都无需考虑构造应力引发冲击地压的危险。

同样采深条件下，采动应力场应力大小及分布特征受工作面长度和采高的控制。在有限的工作面长度范围内，采动应力分布范围及各个相应不同应力区间的范围都将随工作面长度和采高的增加而增加。因此，为避免冲击地压发生，在选择巷道掘进位置时必须注意工作面长度和采高条件变化带来的重大差异。

采动应力场的形成和稳定有一个与采动条件相关，由相应岩层运动的发展和稳定直接关联的发展过程。因此，在采动应力场中开掘巷道避免应力超限目标的实现不仅取决于巷道开掘的位置，而且必须十分注意巷道开掘的时间，应把巷道开掘位置和时间辩证地统一起来。与在原始应力场开掘巷道相比，只有掌握上述不同采动条件下采动应力场的重大差异，才能更好地在采动应力场中开掘巷道时判断可能实现冲击地压要求的应力条件。

掘进诱发的冲击地压，冲击破坏不仅发生在掘进源头——工作面附近，而且将波及处于整个高能压缩（高度应力集中）区域的所有巷道和工作场所。储存压缩弹性能的范围越大，能级越高，冲击破坏的强度及波及的范围也将越大。因此，在弄清相关应力场中应力大小、分布及形成发展规律的基础上，最大限度地避免在高压能积聚的区域掘进和布置巷道，是控制冲击地压破坏及相应事故发生的关键。其中，对于存在构造应力的原始应力场，在没有采取措施释放构造应力的情况下，必须绝对避免在有高能压缩应力的构造轴线上掘进和布置巷道。在构造应力场中进行开采方案设计，包括采区划分、采区上山和开切眼布置，以及选定工作面推进方向和长度等。为实现上述目标，应当注意遵循下列原则：回采工作面垂直构造轴线方向推进，保证所有回采巷道垂直构造线布置，以最短的时间和长度通过储存压缩应力的部位；尽可能扩大采区走向尺寸和工作面推进长度，最大限度地排除在临近构造轴线的压缩应力区域开掘大量采区上山和开切眼的可能性；最大限度地争取把开切眼、回采平巷、采区上山等巷道布置在回采工作面推进压缩应力已基本释放的"内应力场"中，实现采后掘进。

对于单一重力的采动应力场，应当绝对避免在储存高压缩能的煤柱和采场采动应力的高峰区掘进巷道。应当最大限度地争取把采区上山、开切眼和回采平巷布置在回采工作面推进后已经稳定的"内应力场"中，实现在稳定的"内应力场"中掘进巷道。图 4-3 所示为三面采空煤层条件下，回采平巷及开切眼掘进的三种可能位置。其中，2 是在应力高峰区掘进，冲击地压将不可避免；3 是在原始应力场掘进，只有开采深度达到临界值时才会发生冲击地压；1 是在"内应力场"中掘进，不会出现冲击地压事故。

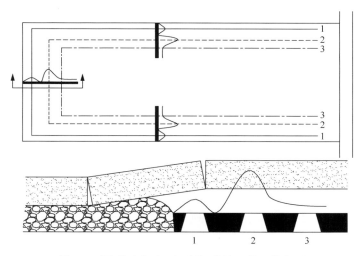

图 4-3　回采平巷及开切眼掘进的三种可能位置

(2) 回采冲击地压发生与采动应力相关关系

回采冲击地压发生在回采工作面推进的过程中。回采冲击地压发生的条件是煤层具有"冲击破坏的倾向"，煤层和上覆岩层中积聚的应力和弹性能达到足以产生冲击震动和围岩破坏的极限。

回采工作面冲击地压的力（能）源包括煤层在大面积悬露的上覆岩层压力作用下的被压缩弹性能和高强度大厚度坚硬顶板弹性弯曲变形储存的弹性能。煤层埋藏深度及由高强度坚硬顶板所决定的悬露面积越大，相应的能级将越高。

采动诱发和顶板自身裂断破坏诱发和释放的能量越高，波及的范围将越大，工作面及相临巷道中的冲击破坏也将越严重。回采工作面推进过程中发生的冲击地压包括工作面采动或基本顶裂断诱发煤层压缩弹性能释放，以及处于大面积弹性弯曲状态的厚煤层坚硬顶板裂断造成的冲击地压两种类型。

回采工作面中由煤层压缩能释放引起的冲击地压，其爆发点（震源）发生在采场四周高应力集中部位。工作面及相临巷道距震源部位越近，震动性冲击破坏及相应事故的危险越大；相反，工作面及相临巷道距震源距离越远，震源吸收（降低）弹性能的"缓冲带"宽度越大，则震动性冲击破坏及相关事故的威胁将越小。因此，应尽量把回采巷道布置在"内应力场"中，以及在工作面推进至可能发生冲击地压的部位，采取预注水或爆破松动扩大缓冲带宽度等措施，可以减少冲击地压，特别是减少"震动性冲击破坏"的威胁是十分有效的。这也正是在开采具有冲击地压危险的厚煤层尽可能扩大采高，特别是采用放顶煤技术能够有效控制冲击地压破坏事故的理论依据。回采工作面推进诱发冲击地压的破坏范围及其与采场采动应力分布的关系，如图4-4所示。

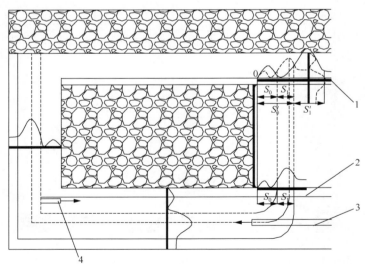

图4-4　回采工作面推进诱发冲击地压的破坏范围及其与采场采动应力分布的关系

图4-4中 S_0 为煤层已经压缩破坏能起缓冲作用的低应力区间。冲击地压发生时，工作面及处于该区间的超前巷道（图4-4中的1和2）的煤壁及顶底板只会出现

平缓的移动破坏，对人员设备安全威胁不大。S_1 为高能的弹性压缩应力区，即冲击地压的源发段。冲击地压发生时，该范围内的巷道顶底板及两帮强烈的冲击性破坏容易造成伤亡事故。超前平巷中冲击破坏区（S_1）的大小取决于由开采深度和老塘悬露岩层面积决定的采动应力值。其中，临近上部采空区一侧的超前平巷（图 4-4 中的 1）如果处于上部工作面采动应力峰值的部位，则在冲击地压发生时，由于受两工作面压缩应力叠加的影响，其冲击破坏的范围和强度将比下部超前巷成倍增加；相反，如果该巷道是处于上部工作面采动应力分布的低应力区，即"内应力场"的部位，其冲击破坏的强度和范围（S_1）都将比下部超前平巷（图 4-4 中的 2）小得多。同样，在开掘和布署下部持续工作面的回采平巷时，如果错误地把巷道布置在本工作面采动应力分布的高峰区，并提前对掘（图 4-4 中的 3）时，下列弊端不可避免：掘进工作面进入支承压力高峰区后发生掘进诱发冲击地压事故；处于上部工作面推进的全长范围内的巷道，都要经受工作面推进冲击地压破坏的威胁；在接续工作面投产推进的全过程中，巷道全长范围都会受到回采冲击地压的威胁。因此，接续工作面回采平巷正确的布置方案应当是放在图 4-4 中的 4 位置，实现在稳定的"内应力场"掘进。

中厚煤层条件下压缩弹性能释放导致工作面和巷道围岩破坏的形式主要是煤帮的挤压喷出。厚煤层分层开采条件下，开采顶分层冲击地压发生时，工作面及超前巷道中将出现大范围底煤震动破坏的严重情况。

回采工作面推进大面积坚硬顶板弯曲弹性能释放型冲击地压发生在厚层坚硬顶板裂断的时刻，强烈的冲击破坏包括以下两个部分：

一是通过诱发采动应力高峰部位煤层压缩弹性能的同时释放导至工作面及超前巷道围岩的破坏。破坏的特点与单一煤层压缩弹性能释放的情况相同，只是强度更高，影响与破坏范围更大。储存弯曲弹性能的顶板距煤层越近，相应的冲击破坏强度将越高，范围也将越大。二是顶板裂断的瞬间高速沉降，冲击挤压煤壁造成的破坏。这种冲击破坏发生在工作面及两巷端头部位。释放能量的顶板距煤层越近，破坏的强度越高，而且与工作面煤壁在采动应力作用下是否已经破坏和破坏深度多少无关。

回采工作面推进过程中发生威胁安全生产的冲击地压是有条件的、有规律的。实践证明，威胁安全生产的冲击地压发生的条件是：开采煤层具有"冲击倾向性"；工作面推进部位煤层中聚集有足以产生冲击性破坏的压缩弹性能，该压缩弹性能的来源可以是残余构造应力，也可以是采动形成的高峰应力；破煤放顶生产过程，顶板裂断来压等诱发冲击能量，达到促使该部位弹性能释放的界限；工作面及超前两巷煤帮没有形成足以缓冲的超前破坏区间。同时具备上述条件的要求决定了回采工作面推进过程中破坏性冲击地压发生时间和地点的规律性。其中：

1）工作面初采阶段冲击地压发生的规律。当工作面开切眼布置在原始构造应力聚积的部位，或者布置在相临已采工作面采动应力的高峰区时，工作面从开始推进到该部位聚积的压缩弹性能基本释放的位置(一般为 8～10m)都有发生破坏性冲击地压的危险。因此，避免把开切眼布置在构造应力场中或临近工作面的压力高峰区，或者在已采工作面形成的"内应力场"中布置开切眼的推进方案，这是排除工作面初采阶段破坏性冲击地压的关键。在存在构造应力的条件下，把开切眼布置在相临已采工作面形成的"内应力场"中，既实现了提前释放构造应力安全掘进的目标，又能排除回采工作面初采阶段的事故。

在单一重力应力场中采用在已采工作面形成的"内应力"场中布置开切眼，推进工作面的方案，维持了原推进工作面有足够缓冲带宽度，避免破坏性冲击地压发生的条件，避免了在高应力区掘进和开始推进工作面出现破坏性冲击地压的危险。

在原始应力场中布置开切眼，初采阶段冲击地压发生在随采场推进增加的采动应力达到冲击破坏极限的位置。基本顶的第一次裂断是最重要的诱发动力。对于由坚硬顶板弯曲弹性能释放型冲击地压，坚硬顶板的第一次裂断则是强烈破坏性冲击地压发生的直接动力。

2)正常推进阶段冲击地压发生发展的规律。采场进入正常推进阶段后，就冲击地压发生的可能性差异而言，其包括两个区间，即危险区间(图 4-5 中 B 到 C 的位置)和平稳区间(图 4-5 中 C 位置开始，至工作面推进完成为止)。其中，危险区间包括从煤壁集中应力增加到冲击破坏极限开始，到煤壁破坏超前破坏已经深入形成足够缓充带宽度的部位。该区段范围内高能级的采动诱发和基本顶的断裂都有促成破坏性冲击地压的危险。平稳区间即煤壁前方缓冲带形成之后，至工作面推进完成为止的全部长度。该区间内，除非坚硬顶板裂断高强度弯曲弹性能释放冲击，工作面内部不会破坏性冲击地压。在无构造应力的原始应力场布置开切眼，工作面推进过程中，冲击地压发生时间及地点差异的规律如图 4-5 所示。

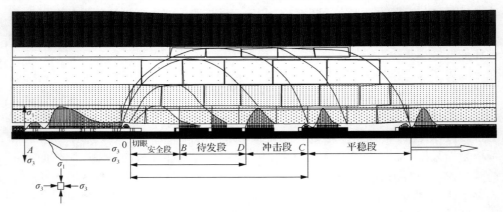

图 4-5　正常推进阶段冲击地压发生规律

4.1.2　冲击地压发生机制

冲击地压现象的本质是高应力状态作用下煤岩体结构的突然失稳破坏，但由于采掘空间和开采工艺的复杂性，目前对冲击地压的机理和防治技术的研究还不够充分，很难用一种机制解释冲击地压发生的原因，仍需进行长期艰苦的探索和实践才可能取得突破进展。

我国学术界将冲击地压过程作为动力稳定性问题进行分析，冲击机理研究大致可分为三类：第一类是从研究煤岩材料物理力学性质出发，分析煤岩体失稳破坏特点及诱使其失稳的固有因素，同时利用混沌、分叉等非线性理论来研究冲击失稳过程；第二类是从研究突出区域所处的地质构造及变形局部化出发，分析地质弱面和煤岩体几何结构与冲击地压之间的相互关系；第三类是研究工程扰动（如放炮所产生的震动波等）和采动影响与冲击地压之间的关系。从应力状态导致煤岩体的突然失稳破坏的本质对冲击地压进行分类研究，姜耀东等[168]将煤矿冲击地压分为三类：材料失稳型冲击地压、滑移错动型冲击地压和结构失稳型冲击地压。材料失稳型冲击地压是指井巷或工作面周围岩体在开挖过程中，煤岩体内应力集中达到一定程度后，煤岩材料内部裂纹不断扩展、贯通、汇聚，并导致一定范围内的煤岩体发生弹射、爆炸式的破坏而发生的冲击突出。材料失稳型冲击地压如图 4-6（a）所示。滑移错动型冲击地压如图 4-6（b）所示，是指在采动影响下由于顶底板与煤层刚度的不同而导致的煤层滑移错动冲击挤出，如 Lippmann[169]研究的煤层平动突出模型；或井巷附近的断层、构造或结构面的滑移错动诱发而产生突然剧烈破坏的动力现象。结构失稳型冲击地压是指井巷或工作面周围岩体由于采动应力或顶板大面积悬顶突然破断或矿震诱发而产生突然剧烈破坏的动力现象，经常是煤柱或巷道围岩大面积的冲击突出而发生整体井巷结构失稳，如图 4-6（c）所示。

姜福兴[170]基于主客体的不同，将冲击地压分为自发型和诱发型两类。自发型冲击地压是指采掘空间周围应力积聚，当满足冲击力学条件后发生的冲击性破坏。对于这类冲击地压，其力源是应力，冲击地压是主体，它是主动发生的。诱发型冲击地压是指由于远场震动诱使应力瞬间积聚，当满足冲击力学条件后发生的冲击性破坏。其力源是震动，如构造活化、厚硬岩层断裂、矿柱破坏、放炮、地震产生的震动。对于这类冲击地压，冲击地压是客体，它是被震动诱发的。研究阐明了冲击地压的发生过程，指出应力在冲击地压发生过程中扮演的角色，为冲击地压的控制指明了"控制对象"；突出了冲击地压发生的力源，为研究冲击地压监测预警方法提供了基础；指出了两类冲击地压的破坏主体和方式，为构建冲击地压监测技术体系提供了基础。

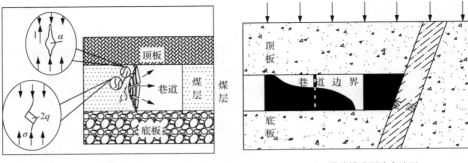

(a) 材料失稳型冲击地压　　　　　　　　(b) 滑移错动型冲击地压

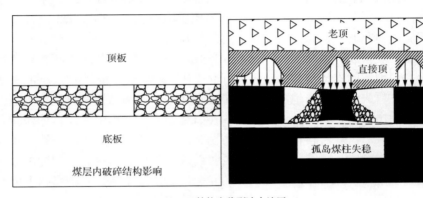

(c) 结构失稳型冲击地压

图 4-6　冲击地压示意图

潘俊峰教授[171]将冲击地压的发生过程归纳为三个阶段，依次为冲击启动阶段、冲击能量传递阶段和冲击地压显现阶段，如图 4-7 所示。把冲击地压显现阶

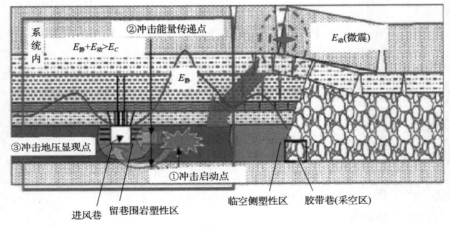

图 4-7　沿空留巷冲击启动力学模型[167]

段起主导作用的煤岩破裂区定义为冲击地压启动区域，同时对应冲击地压发生过程中的第一阶段，即冲击启动阶段。

采用微震监测到一个高能量事件，随后又监测到低能量事件，或者是监测到的能量特别大，有的达到 10^8J 以上。但是，实际井下冲击地压过后，冲击地压显现并不强烈，没有造成较大的破坏；而有的时候，定位到的能量较小，反而冲击地压显现很强烈，这说明从冲击启动阶段到达冲击地压显现阶段一定存在能量传递的过程，传递过程可能造成能量衰减，这就是冲击地压发生过程中的第二阶段，即冲击能量传递阶段。从防治冲击地压和研究冲击地压发生条件角度来说，应最好将冲击地压遏制在最初阶段，即冲击启动阶段。

对照冲击地压物理演化过程，如图 4-8 所示，对于冲击危险性煤岩体来说，OA 阶段为材料的内部裂隙被压实；AB 阶段为应力与应变呈现近似线性增长，伴有体积变化，也是冲击载荷体基础静载荷积累阶段。BC 阶段为载荷聚集阶段，煤岩体应力与应变之间表现出明显的非线性增长，材料的微裂纹也在不断发生和发展。此阶段距离冲击启动点 C 存在两种加载途径，一是继续获得静载荷增量，二是获得外界动载荷增量。整个 OC 阶段为冲击启动前的孕育阶段，即动、静载荷加载阶段，存在载荷不足夭折的煤炮发生情况。C 点为临界点，也是冲击启动点，此时，$E_J + E_D - E_C > 0$（E_J、E_D、E_C 分别为集中静载荷、集中动载荷、岩体动力破坏所需要的最小载荷）。CD 阶段为剩余冲击能量对围岩做功阶段，该过程包含对载体及阻挡物的破坏，即冲击地压显现。

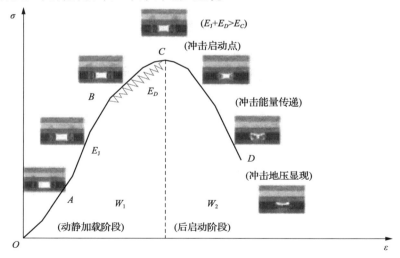

图 4-8　冲击地压与岩体全应力-应变曲线[167]

开采前煤岩体处于深部三维应力平衡状态下，开采活动打破了原有的应力平衡，导致采场三维空间中的宏观应力场与能量场重新分布，这种应力场与能量场的动态演化与发展必然为动力灾害的孕育、发生和发展创造条件。因此，通过研究采动应力分布和能量场的时空演化规律与多因素耦合致灾机理，可以揭示深部裂隙煤岩体在开采过程中的能量积聚与释放机制、能量场的时空演化规律及动力灾变的能量触发条件，提出基于能量突变的深部煤岩体动力失稳模型与判别准则和能量分析体系。

4.1.3　冲击地压灾害事故防控动力信息基础

1. 冲击地压灾害防控常用技术措施

前文所述，煤层在开采过程中发生冲击地压宏观上需要具备三个条件。对于冲击地压防治研究来说，第一个条件是固有属性，而第三个条件(产生采掘空间)凡是有开采活动就不可避免，所以研究的重点应该放在如何避免或减少采掘围岩的载荷局部化集中程度，使其不足以发生冲击地压，这也是人为行为能够做的。

冲击地压监测预警技术的进步将为后期防冲效率的提高打下基础。目前国内外冲击地压监测预警技术得到了长足的发展。我国煤矿监测预警冲击地压的主要方法有矿压观测法、钻屑法、顶板动态仪、钻孔应力计、电磁辐射法、地音法、微震法等。冲击地压预警方法众多，对于不同矿区，可能采用一种方法，也可能采用多种方法进行综合监测，因此形成了不同的预警模式。冲击地压的预测预报是基于对冲击地压的机理认识，围绕冲击地压发生的强度理论和能量条件等进行的。预测方法除了以往的综合指数法外，大致可以分为两类。第一类方法主要有钻屑法、顶板动态法、煤岩体应力测量法和岩饼法等，主要用于探测采掘局部区域的冲击危险程度；第二类方法是系统监测法，主要包括微震系统监测法、电磁辐射法、地音法和红外辐射法等采矿地球物理法，根据连续记录岩体内的动力现象预测冲击地压危险状态。

岩石在压力作用下发生变形和开裂破坏过程中，必然以脉冲形式释放弹性能，以弹性波的形式向外传递过程中所产生的声学效应。在矿山，地音是由地下开采活动诱发的，其震动能量一般为 $0\sim10^3$J；震动频率高，为 150～3000Hz。相比微震现象，地音为一种高频率、低能量的震动。大量科学研究表明，地音是煤岩体内应力释放的前兆，地音信号的多少、大小等指标反映了岩体受力的情况。地音法(声发射)利用煤体的声发射特征进行冲击地压的预报，是主流的预报方法之一。地音监测是 20 世纪 70 年代末、80 年代初迅速发展起来的一种实时、连续的岩煤体声发射监测技术，采用的方法主要有站式连续监测和便携式流动地音监测。其中，便携式流动地音监测属于非连续的监测方法，一般与煤粉钻孔法结合使用，能提高冲击地压预测的准确性。

进行煤矿井下开采活动时，相比采掘空间，远场高位岩层活动缓慢，其破裂向外球面辐射出一种低频($f<100$Hz)高能级震动信号，称为微震。微震监测系统通过对煤岩破坏启动发射的震动波的响应，实现约 10km 范围内的危险源探测。

显然，地音信号的强弱反映了煤岩体破坏时的能量释放过程。地音监测法的原理是用微震仪或拾震器连续或间断地监测岩体的地音现象。根据测得的地音波或微震波的变化规律与正常波的对比，判断煤层或岩体发生冲击倾向度。山东肥城矿务局陶庄煤矿用微震仪研究了发生冲击矿压的规律，结论为：微震由小而大，间有大小起伏，次数和声响频繁；在一组密集的微震之后变得平静，是产生冲击矿压的前兆现象；稀疏和分散的微震是正常应力释放现象，无冲击危险。

地震波 CT 法用来研究开采煤层的连续性并揭露其隐伏构造的非均匀性。其测量所得参数为地震波的传播速度，然后用其来确定矿压参数，尤其是确定巷道周围的应力状态。该方法的优点在于非破坏性，可实现井下原位、一次性大范围区域性探测，并且操作简单，成本低。

煤岩体受载变形破裂过程中会向外辐射电磁能量，电磁辐射监测法就是利用这一现象来预测煤岩动力灾害的一种方法。何学秋、窦林名、王恩元等对电磁辐射监测法的理论和技术进行了深入研究，已经在很多矿区得到了应用，为许多矿井解决了实际问题。

冲击地压预测预报的其他方法主要是岩石力学方法。这些方法包括钻屑法、煤岩体变形测量法、煤岩体应力测量法、地质构造形迹分析法、孔径(底)冲头挤压法、岩饼法等。潘俊峰将上述岩石力学方法归纳为单一人工探测式、综合矿压观测式、单一物探监测式和多参量综合监测式。单一人工探测式主要采用钻屑法、钻孔应力监测、顶板离层观测、巷道变形观测中的一种方法。这种模式由于人员工作量较大，单一的监测结果缺乏验证、比较，因此预警可靠度最低，甚至不能警示灾害的发生。综合矿压观测式主要是将岩石力学方法中的几种方法组合起来使用，如钻屑法、顶板离层观测、巷道变形观测、钻孔应力监测，甚至将采场的支架、巷道的立柱工作阻力监测组合进来。单一物探监测式主要是采用电磁辐射仪、微震监测系统、地音(声发射)监测系统中的一种来监测预警冲击地压。多参量综合监测式是将岩石力学方法与地球物理方法相结合的一种监测预警模式。这种模式投入的人力、物力相对较大，是我国典型的冲击地压矿井的主要应用模式。

其他冲击地压监测预报方法还包括 WET 法、弹性变形法、煤岩强度和弹性系数法、钻粉率指标法、工程地震探测法等。WET 法是波兰采矿研究总院提出的，用于测定煤层冲击倾向。WET 为弹性能与永久变形消耗能之比。波兰采矿研究总院规定，WET>5 为强冲击倾向，$2<$WET<5 为弱冲击倾向，WET<2 为无冲击倾向。该方法虽存在一些不足之处，但基本适于我国情况，可作为煤层冲击倾向鉴定指标之一。弹性变形法是苏联矿山测量研究院提出的用于测定冲击地压的方法，即在载荷不小于强度极限 80% 的条件下，用反复加载和卸载循环得到的弹性

变形量与总变形量之比（K）作为衡量冲击倾向度的指标。当 $K \geq 0.7$ 时，有发生冲击地压的危险。煤岩强度和弹性系数法是用煤岩的单向抗压强度或弹性模量的绝对值作为衡量冲击倾向度的指标。这种方法较为简单，经常用作辅助指标。其指标的界限值必须根据各矿井的试样进行试验确定。钻粉率指标法又称为钻粉率指数法或钻孔检验法，使用小直径（42～45mm）钻孔，根据打钻不同深度时排出的钻屑量及其变化规律来判断岩体内应力集中情况，鉴别发生冲击地压的倾向和位置。在钻进过程中，在规定的防范深度范围内，出现危险煤粉量测值或钻杆被卡死的现象，则认为具有冲击危险，应采取相应的解危措施。工程地震探测法用人工方法造成地震，探测这种地震波的传播速度，编制出波速与时间的关系图，波速增大段表示有较大的应力作用，结合地质和开采技术条件分析、判断发生冲击地压的倾向。

充分地研究冲击地压发生的机理，运用科学的预测预报方法，对冲击地压进行有效的防治是完全可能的。目前主要的冲击地压防治措施有采用合理的开拓布置和开采方式、开采保护层、钻孔及爆破卸压、坚硬顶底板预处理、煤层预注水等。

合理的开拓布置和开采方式是防治冲击地压的根本性措施，同时对避免形成高应力集中和能量大量积聚、防止冲击地压的发生极为重要。综合冲击地压分类研究的成果，可以清楚地看到，控制冲击地压实现的应力条件是控制煤矿冲击地压发生的关键。必须把采掘工作面推进过程中可能释放的弹性压缩能限制在足以导致冲击性破坏发生的范围以下。其主要原则是：开采矿层群时，开拓布置应有利于解放层开采。划分采区时，应保证合理的开采顺序，最大限度地避免形成煤柱等应力集中区。采区或盘区的采煤工作面应朝一个方向推进，避免相向开采，以免应力叠加。在地质构造等特殊部位，应采取能避免或减缓应力集中和叠加的开采程序。有冲击危险的矿层的开拓或准备巷道、永久硐室、主要上（下）山、主要溜煤巷和回风巷应布置在底板岩层或无冲击危险煤层中，以利于维护和减小冲击危险。开采有冲击危险的煤层，应采用不留煤柱垮落法管理顶板的长壁开采法。顶板管理采用全部垮落法，工作面支架采用具有整体性和防护能力的可缩性支架。

在进行多煤层的井下开采时，每一层煤的开采工作都相互影响，一个矿层（或分层）先采，能使临近矿层得到一定时间的卸载。因此，在设计阶段就要规定煤层群的协调开采，先开采没有冲击危险的煤层，解放具有冲击危险的煤层，达到降低冲击地压潜在的危险性的效果。开采保护层是防治冲击地压的一项有效且带有根本性的区域性防范措施。

钻孔卸压是利用钻孔方法消除或减缓冲击地压危险的解危措施。此法基于钻屑法钻孔施工时产生的钻孔冲击现象。钻进越接近高应力带，由于煤体积聚能量越多，钻孔冲击频度越高，强度也越大，但钻孔冲击时煤粉量显著增多。因此，每一个钻孔周围会形成一定的破碎区，当这些破碎区互相接近后，便能使煤层破裂卸压。钻孔卸压的实质是利用高应力条件下煤层中积聚的弹性能来破坏钻孔周围的煤体，使煤层卸压、释放能量，消除冲击危险。

卸压爆破是对具有冲击地压危险的局部区域用爆破方法减缓其应力集中程度的一种解危措施。世界上绝大多数国家在开采有冲击危险的煤层时，均把卸压爆破作为主要的解危措施之一。

厚层坚硬顶板易引起冲击地压，一是回采工作面下方厚层坚硬基本顶的大面积悬顶和冒落会引起煤层和顶板内的应力高度集中；二是工作面和上下平巷附近岩石的悬露会引起不规则垮落和周期性增压，给工作面顶板管理和巷道维护造成困难。目前较为有效的处理方法是顶板注水软化、爆破断顶等。

煤层预注水的目的是通过水的物理化学作用改变冲击煤层的物理力学性质，降低煤层的冲击倾向性和应力状态。该法目前在部分矿区也有应用。

2. 冲击地压灾害动力信息基础

控制冲击地压事故包括控制冲击地压的发生和可能的破坏性灾害两个方面。前者在于首先弄清冲击地压发生的原因和实现的条件。以此为基础，通过合理的"防冲"方案设计，包括采用合理的开采方法、正确的开采程序和开采参数等把冲击地压发生的可能性减少到最低限度。后者则在于在可能发生冲击地压的时间和地点，通过采取可靠经济的技术措施，包括降低冲击能量、减少冲击破坏波及的范围，以及回采工作面和巷道工作空间的安全防护等，防止人员伤亡和设备损坏等破坏事故的发生。

综合冲击地压分类研究的成果，可以清楚地看到，控制冲击地压实现的应力条件是控制煤矿冲击地压发生的关键。必须把采掘工作面推进过程中可能诱发释放的弹性压缩能限制在足以导致冲击性破坏发生的范围内。为此，在考虑开采方案设计时，应当注意下列"防冲"的时间、空间原则：

1) 严格杜绝在原始应力场的构造压缩应力带和采动应力场采动应力的高峰部位布置采煤巷道和推进工作面。

2) 最大限度地争取实现在已经历采动释放应力后稳定的"内应力场"(已经历采动破坏的岩层覆盖的重力场)中掘进和维护巷道。

保证按上述时间、空间原则进行开采方案设计的相关信息基础，包括：

1) 经历构造运动破坏的原始应力场应力大小分布的信息。

2) 不同开采程序和开采参数条件下采动应力大小分布及发展变化规律的信息。

上述信息必须针对具体的煤层条件和具体开采部位的实际情况采用理论计算和实测推断相结合的方法确定。绝对不能无视开采条件的变化，一成不变地采用统一的经验数据。

在有可能发生冲击地压的工作面，应当采取下列措施控制事故灾害：

1）采用"井下岩层动态观测研究方法"（必要时辅以钻屑、应力分析结果），在取得下列相关信息的基础上，实现对冲击地压可能的时间、地点和强度的预测和预报：

①通过对采动应力分布，特别是"内应力场"范围采动应力高峰随采场推进扩展规律进行系统的研究。以此推断可能发生冲击地压的起点、终点（有足够的"内应力场"宽度作为缓冲区）位置及危险区的全长。推断超前巷道中可能发生冲击性破坏的范围。

②基本顶裂断来压的规律包括基本顶下位岩梁、上位岩梁及有弯曲弹性能释放威力的坚硬顶板裂断的时间、位置及相应的工作面推进步距等信息。以此作为预测预报顶板裂断诱发冲击地压发生时间、地点及可能强度的依据。实践证明，基本顶裂断是诱发回采工作面冲击地压的主动力。基本顶相对稳定步距越大，意味着顶板和煤层积聚的弹性能级越高，冲击地压发生时的冲击强度也将越大。

2）在预计发生高强度冲击地压危险的地点采取降低储存的弹性能和诱发能量等措施，力争把冲击破坏的范围减少到最低限度。

3）在有承受冲击地压破坏的工作面和巷道中采用正确的支护方式维护工作空间的安全。例如，回采工作面必须采用稳定的可缩性支护，绝对避免采用木棚等不稳定的支护方式；有冲击破坏危险的巷道应采用能够满足护顶、护帮要求的锚网支护。

掘进、回采工作面冲击地压预测和控制研究分类模型如图 4-9 和图 4-10 所示。

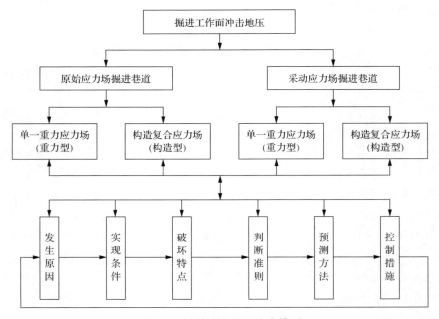

图 4-9　掘进冲击地压分类模型

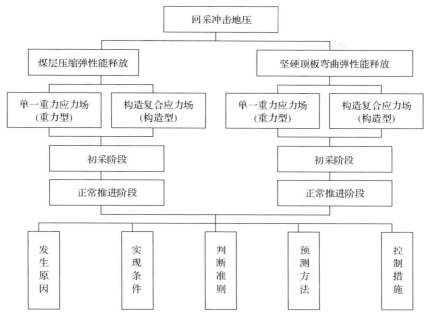

图 4-10　回采冲击地压分类模型

　　针对现有研究，课题组还提出了基于能量耗散率指标的采动应力孕育及卸压释能评价机制。煤矿掘进和回采过程中引起采动空间内围岩应力的重新分布，岩体在动态矿山压力的作用下诱发灾变是发生重大矿山灾害的主要原因之一。灾害的发生与应力场演化特征密切相关：地应力的孕育影响着地质构造的变迁，地应力场受工程扰动再平衡过程又影响着煤岩力学行为和物理相态；卸压降灾效果又直接由地应力场来决定。现行常规动力灾害预测方法一般分为以微震和电磁辐射法为代表的非接触式预测方法(适用于大范围时空连续观测，成本高，可靠性强)和以钻屑法为代表的接触式预测方法(适用于小范围时空非连续性观测，成本低，操作简单)。但矿山动力灾害岩体采动力学行为卸压特征一直以来缺乏科学准确的定量分析和表达，逐渐成为当今困扰岩石力学界的难题之一。

　　鉴于冲击地压发生是地应力与采动应力共同作用的结果，同时其剧裂程度与岩体存储的能量具有密切关系这一事实，通过对工作面前方岩体采动应力孕育特征和能量耗散分析，从理论上推导出能量释放率的定义及其表达式，初步提出符合现场实际的采动应力卸压释能评价体系。课题组初步提出并验证了基于采动应力能量场变化的冲击地压监测方式的可行性，结合采动应力及距离煤壁距离，从能量的观点建立一套以降低或消除致灾动力源为目标的能够反映冲击地压孕育过程的动力灾害防控定量评价测控体系，对实现有效表征采动应力动态孕育演化特征和时空耦合规律、科学定量评价卸压释能机理具有重要意义。

　　采煤工作面周围，尤其是工作面前方采动应力分布规律的研究一直是采矿工程学科研究的核心内容，地下岩体原始状态并不是绝对的平衡状态，而是一种相对平衡状态。煤岩体通常被视为连续的弹性体进行研究，未经采动的煤岩体，在巷道开挖之前通常处于弹性变形状态，其原始铅直应力等于上覆岩层的重力。地下工程开挖后，在地应力的作用及临空面卸载的影响下，煤体内部平衡发生变化，造成局部应力集中，岩体损伤逐渐加剧。如果围岩应力小于岩体强度，则围岩仍处于弹性状态；反之巷道围岩则会向巷道内产生塑性变形。煤壁前方能量发生累积，当达到岩体极限条件时，煤体发生快速动态调整，即诱发冲击地压灾害。

　　岩体所受应力作为冲击地压发生与否的主控因素，是基于应力因素研究冲击地压的发生过程机理及卸压效果评价的出发点。煤矿通过工作面前方的应力集中程度来反演工作面前方煤体状态及评价卸压效果，当工作面前方应力集中，煤壁积聚大量的弹性应变能时，极易诱发冲击地压灾害；当采取卸压降危措施之后，应力集中程度下降，下降情况反映了卸压降危措施的有效程度。冲击地压的发生过程，实际上是应力作用与煤岩体强度之间"矛盾"的发生过程，是由于煤岩体变形、微破裂演化最终导致宏观动力失稳的过程，是一种能量释放在时间上非稳定、在空间上非均匀的过程。煤矿开采过程中应力场孕育和能量场动态演化与发展为冲击地压的发生与发展创造条件。

　　工作面推进过程中，采动应力转移及其演化是有规律可循的。无论何种开采方式，工作面前方岩体均经历了从原岩应力、轴向应力升高（加载）而围岩递减（卸载）到破坏荷载的完整力学过程，煤岩所受应力状态将在时间和空间上不断发生变化。煤壁附近支承能力降低，支承应力高峰将逐步向煤壁内侧转移，煤层上采动应力的分布将分为非弹性和弹性两个区间。工作面前方采动应力由原岩应力区经历弹性至非弹性的转变，根据煤壁前方应力峰值与原岩应力的比较，通过不同的应力集中程度将工作面前方应力情况分为四个部分，分别为应力降低区 E_{OA}、应力增高塑性区 E_{AB}、应力增高弹性区 E_{BC} 及原岩应力区 E_Y，如图 4-11 所示。其中，应力降低区的出现以煤体出现塑性破坏为前提，即应力降低区中的煤体处于塑性软化或破碎状态。应力升高区的煤体在基本顶断裂线附近时处于弹性状态，仍保持着自身的承载能力，岩体相对比较完整。应力升高区又可细化分为塑性区和弹性区。弹塑性区的交界处为压力高峰位置，弹性区应力单调下降至原岩应力值。

　　从微观角度来看，取煤体垂直层面剖面中某小立方体单元体进行分析，如图 4-12 所示。在工作面回采过程中，边界煤体单元一侧临空，原始六向受力平衡状态被打破，由外向内初始水平应力由临空区一侧 0 开始增加至原始静水压力，直到内部原岩应力区岩体恢复到原始状态。单元体垂向应力经历应力降低到应力增高塑性区至弹性应力升高区域后回落至原岩应力的过程，岩体承受应力值降低。随着工作面推进，支承应力高峰逐渐向内部积聚转移，产生新的应力高峰。当区

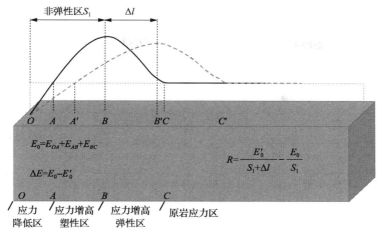

图 4-11　采动岩体区划及能量耗散模型

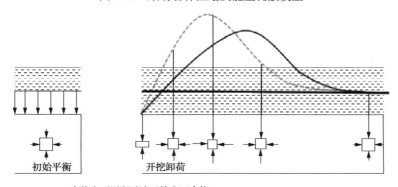

$\sigma_x=0$ 由临空面逐渐过渡至静水压力值 $\sigma_x=\sigma_{\text{静水压力}}$

σ_y 先增加至应力峰值后逐渐减小至原岩应力 $\sigma_y=\sigma_{\text{原岩应力}}$

图 4-12　煤体损伤变化模型

域内单元体岩体垂向应力、能量等指标达到岩体极限时，单位产生塑性破坏，当破坏单元体数目增加到一定范围之后产生连锁反应，单元体之间孔裂隙急速扩展并相互影响。当煤体动态调整速度增加到一定程度时，即有可能诱发灾害。

　　从宏观上来看，由于煤体本身具有一定的硬度与强度，当采场在一定范围内推进，顶板传递的压力没有达到煤体破坏的极限之前，整个煤体处于弹性压缩状态，此时采动应力分布是一条高峰在煤壁处的单调下降曲线，此时煤壁保持其弹性支承能力，不易发生动力灾害事故；随着采场继续推进，通过顶板传递到煤壁的压力增加，当煤壁到达其弹性支承极限时开始产生塑性变形，尤其在外界动态扰动下，应力的改变超过岩体承载能力即发生失稳。其宏观表现出随着工作面推进，工作面前方煤岩体受力状态不断经历着卸压区、增压区与原始应力区的转换过程。

　　从能量角度来看，采动应力下煤岩体破坏是储存能量的存储与耗散过程。能量存储增加诱发岩体损伤变形破坏，导致材料性质劣化和强度丧失，当能量存储达到岩石应力峰值极限时，能量亟待释放引发岩体破坏。能量释放是岩石变形破坏的本质属性，它反映了岩石内部微缺陷的不断发展、强度不断弱化并最终丧失的过程，损伤破裂越严重耗散能量越多，尤其是发生动力破坏时，大量弹性能以动能等方式耗散。

　　无论何种冲击地压卸压防控措施，均是防止围岩积聚的弹性应变能超过岩体的极限储存能。因此，通过降低煤体内的弹性应变能够防止冲击地压灾害事故的发生。构建能量耗散率指标，在一定程度上避免了单纯地通过应力或者能量定性进行冲击风险性评价存在主观不确定性的弊端，基于冲击地压是以能量释放为主要特征的破坏现象及其危险性与应力聚集程度和所处位置密切相关的认识，将应力区划和能量值结合起来，构建能量耗散率指标，动态表征工作面前方冲击倾向性及卸压措施的有效性，如图4-11所示。定义量化评价动力灾害状况的能量耗散率公式为

$$R = \frac{E_0'}{S_1 + \Delta L} - \frac{E_0}{S_1} \tag{4-7}$$

式中，$E_0 = E_{OA} + E_{AB} + E_{BC}$，为由于地下工程的扰动，导致某一时刻煤体前方原岩应力积聚情况；E_0'为通过采用卸压降危措施，降低工作面前方应力高峰煤体积聚的能量潜能，工作面前方应力发生转移之后的三区能量值。

　　通过对比单位范围内的煤体弹性应变能释放率，可为评价卸压效果提供定量依据，$|R|$值越大表示总体卸压效果越明显。当$R<0$时，表示起到卸压降危的效果，可有效地降低或改变致灾应力场致灾条件；当$R>0$时，则表示卸压不得当扰动促使应力高峰区域稳定性下降，应进一步采取合理有效的措施，避免采场灾害事故发生。特别是采场处于动态荷载或采场卸压情况下，科学合理地运用煤岩体区划及采动应力能量耗散情况，将围岩局部稳定性指标纳入考量，就能够更准确地反映回采工作面的冲击危险程度，并针对每一种可能冲击的位置制定对应的支护及卸压措施，实现冲击地压的针对性治理，提高冲击地压的辨识与治理决策效率，对于维护巷道安全稳定具有重要意义。

4.2　顶板透水灾害预控关键技术

　　矿井在掘进或工作面回采过程中破坏了岩层天然平衡，周围水体在静水压力和矿山压力作用下，通过断层、隔水层和岩层的薄弱处进入采掘工作面，形成矿井水害，顶板透水引发大范围的顶板垮塌，压死采场支架的重大顶板事故也时有发生。煤矿水害作为矿区主要灾害之一，严重限制了煤炭资源的安全高效开采及

相关水环境的控制和保护。采掘工作面推进过程中的透水事故极易淹没其工作面和其他工作场所，甚至造成整个矿井淹井的重大事故[4,172]。因此，深入研究发展矿井透水动力灾害预警模型及相关结构力学参数对煤炭资源安全高效开采具有重要意义。

4.2.1 顶板透水灾害概述

1. 顶板透水灾害原因及条件

工作面推进断裂破坏的岩层波及含水岩层，特别是原有构造破坏的富水区域是造成顶板透水事故的主要原因。

顶板透水事故发生的条件主要有：采场上覆岩层顶板中存在水量富集的含水岩层，特别是经历构造破坏的富水区域；透水量超过工作面排水能力（淹没工作面）或超过矿井排水能力（淹没矿井）；大范围裂断岩层在水的长时间渗透浸泡下产生弱化、滑移失稳；透水发生后工作面停滞的时间超过限度，工作面被透水贯满淹没；断裂岩层、断口咬合面浸泡时间过长，抗剪强度降低。

随采场推进沉降裂断的岩层与水量富集的含水层沟通，包括进入含水岩层及直接接触两种情况，如图 4-13 所示。

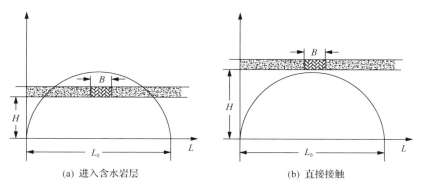

(a) 进入含水岩层　　　　　　(b) 直接接触

图 4-13　"裂断拱"与含水层空间关系

H—含水层高度；B—含水层宽度；L_0—工作面长度；L—工作面推进长度

2. 采动应力与顶板透水灾害的关系

煤矿突、透水事故是指在煤矿建设与生产过程中，不同形式、不同水源的水通过一定的途径进入矿井，并给煤矿建设和生产带来不利影响和灾害的事件。煤矿透水事故的形成和发生是建立在特定环境和条件之上的。无论是底板突水还是顶板透水事故，其发生均离不开透水水源、透水通道和透水强度三个必备条件。煤矿透水水源、透水通道和透水强度的存在与否决定了煤矿透水事故是否发生，三者的不同组合会产生不同类型的煤矿水害。透水水源是矿山透水事故发生的根源，如果不存在透水水源，透水事故就不会发生。煤层开采后，在采动应力作用下，工作面顶底板裂隙发育，覆岩发生破坏，"裂断拱"不断向上发育，此时若采动应力及"裂断拱"波及底板承压水源或顶板含水岩层，特别是原有构造破坏的富水区域，当透水强度超过矿山排水能力时，就会发生顶板突透水事故，导致人员伤亡和财产损失，严重时甚至会淹没整个矿井。

采场围岩所受的原始应力场、采动应力场及渗流场共同构成了顶底板突透水的控制因素，同时随着工作面开采深度的增加，采动应力场的影响逐年显著。当煤层未被采动时，空隙、裂隙等均处于闭合状态，含水层中的水处于相对平衡状态。当煤层开采后，顶板悬露，围岩由三向受压转变为二向或单向受压，甚至部分岩体出现拉应力。在开采过程中，底板岩层的每一点都经受了"压缩—应力解除—再压缩"的过程，正是这些应力的作用才导致了底板岩层裂隙率的变化。采动应力的发展使得煤岩体裂隙导通发育，极大地增高了其渗透性能，突水通道导通，从而导致透水事件。

对于近水平煤层，当回采工作面推进、裂隙带波及含水层时，对照图 4-14 所示状况，其透水量 Q 可由下式近似计算：

$$Q = 2(Q_1 + Q_2) \tag{4-8}$$

式中，Q_1 为含水层第一次裂断破坏时，工作面推进方向断裂面的涌水量；Q_2 为含水层第一次裂断破坏时，工作面长度方向断裂面的涌水量。

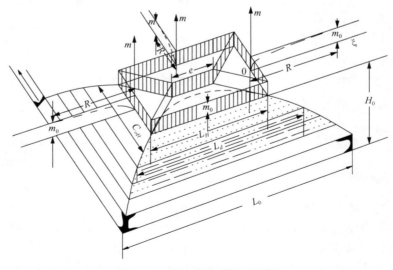

图 4-14 透水量的预计对照图

推进方向断裂面涌水量可由下式计算：

$$Q_1 = k\omega_c I \tag{4-9}$$

式中，k 为含水层渗透系数，即水压坡度 $I=1$ 时水流通过单位过水断面时的流量。
实测研究所得不同粒度和孔隙度岩层的透水系数参考值如表 4-1 所示。

表 4-1　不同粒度和孔隙度岩层的透水系数参考值

渗透层分类	透水系数	相关岩层类别
强透水岩层	$k > 10\text{m}/\text{d}$	粗砂岩、砾岩、岩溶发育岩层
透水岩层	$k = (10-1)\text{m}/\text{d}$	砂、裂隙发育岩层
微透水岩层	$k = (1-0.01)\text{m}/\text{d}$	亚砂土、裂隙微弱岩层
极弱透水岩层	$k = (0.01-0.001)\text{m}/\text{d}$	亚黏土、黏土、淤泥
不透水岩层	$k < 0.001\text{m}/\text{d}$	致密坚硬岩层(包括坚硬沉积岩、岩浆岩、变质岩)、黏土、淤泥、泥岩

注：k 为透水系数；m/d 为透水系数单位，米/天。

ω_c 为推进方向含水层的出水断面积。在已知含水层厚度 m_0 条件下，该断面积由第一次裂断步距离 C_{oH} 大小决定，即

$$\omega_c = C_{oH} m_0$$

封闭含水层的水压坡度 I 值由下式表出

$$I = \frac{\mathrm{d}m_0}{\mathrm{d}x}$$

代入式(4-9)得

$$Q_1 = k C_{oH} m_0 \frac{\mathrm{d}m_0}{\mathrm{d}x} = C_o q$$

式中，q 为单位长度过水断面的涌水量。其表述式为

$$q = k m_0 \frac{\mathrm{d}m_0}{\mathrm{d}x}$$

为此，有：

$$\frac{q}{k}\mathrm{d}x = m_0 \mathrm{d}m_0$$

对含水层涌水影响范围等式两端进行积分：

$$\int_0^r \frac{q}{k}\mathrm{d}x = \int_0^{m_0} m_0 \mathrm{d}m_0$$

即得

$$q = k\frac{m_0^2}{2R}$$

由此求得 Q_1 为

$$Q_1 = kC_{oH}\frac{m_0^2}{2R} \tag{4-10}$$

式中，k 为渗透系数；m_0 为含水层厚度；C_{oH} 为含水层裂断步距；R 为含水层涌水影响半径。

R 为含水层裂断涌水影响距离(其水位开始降低处距断裂出水面距离)。如果该范围不知道，可以采取向含水层打钻测定。

由图 4-15 可知，如果测压孔距出水断面距离为 R_i，测出水压为 m_i，且 $m_i < m_0$，则影响距离 R 为

$$R = \frac{m_0}{m_i}R_i \tag{4-11}$$

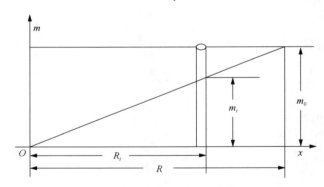

图 4-15　含水层裂断距离值

同理，可以推出工作面长度方向涌水量 Q_2 为

$$Q_2 = kL_H\frac{m_0^2}{2R} \tag{4-12}$$

式中，L_H 为工作面长度方向含水层第一次裂断线长，其取决于回采工作面长度(L_0)及含水层距所采煤层高度(H_0)。

鉴于多数情况下裂断岩层发展的高度大致为工作面长度的一半，因此采场推

进断裂岩层的裂断边界可近似用图 4-16 所示的半圆拱表达。由此可以近似求得已知含水层高度为 H_0 时，含水层第一次裂断线长的 L_H 表达式：

$$L_H = L_0 - 2X_i \tag{4-13}$$

式中：

$$X_i = \frac{L_0}{2} - \sqrt{\left(\frac{L_0}{2}\right)^2 - H_0^2}$$

故得

$$L_H = \sqrt{\left(\frac{L_0}{2}\right)^2 - H_0^2}$$

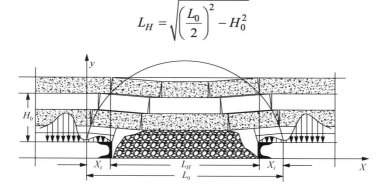

图 4-16　含水层裂断线长与工作面长度关系

由上述计算式可以得出，含水层的透水量随工作面长度的增加而增加，随含水层距所采煤层高度的增加而减少。

开采倾斜煤层裂隙带波及含水层时的透水量由下式表示：

$$Q = 2(Q_1 + Q_2) \tag{4-14}$$

式中，Q_1 为工作面推进方向含水层第一次裂断面上涌水量；Q_2 为工作面长度方向含水层断裂面上涌水量。

Q_1 可近似按下式估算：

$$Q_1 = kC_{oH}m_0I \tag{4-15}$$

式中，I 为水力坡度，其他符号同前。

倾斜煤层的水力坡度由煤层倾斜角度 α 决定，即

$$I = \tan\alpha$$

为此，得 Q_1 的表达式为

$$Q_1 = kC_{oH}m_0 \tan \alpha \tag{4-16}$$

Q_2 的表达式为

$$Q_2 = kL_Hm_0 \tan \alpha \tag{4-17}$$

式中，

$$L_H = \sqrt{\left(\frac{L_0}{2}\right)^2 - H_0^2}$$

顶板透水事故实现的条件可用下式表出：

$$(Q - Q_B)T \geqslant V_{\max} \tag{4-18}$$

式中，Q 为顶板透水流量，$\mathrm{m^3/h}$；Q_B 为排水设备能力，$\mathrm{m^3/h}$；T 为工作停滞的时间，h；$V_{\max}$ 为可能发生事故现场的最大储水能力，$\mathrm{m^3}$。

由式(4-18)可知，在正确预计可能发生顶板透水事故的地点及可能的透水流量(Q)的基础上，准备足够的排水设备能力(Q_B)和保证工作面高速推进，是防止采掘工作面透水事故的关键。对于矿井而言，针对矿井生产能力正确地预计推进工作面的数量和最大涌水量，保证排水设备能力和足够的水仓储水能力是防止矿井透水事故的关键。

4.2.2　顶板透水灾害发生机制

20 世纪 70 年代后期到 80 年代，我国水体下采煤研究按照岩体结构控制论的观点，开始从覆岩变形破坏过程、影响因素等方面探讨导水裂隙带的形成机制，进行顶底板水的防治和预测。20 世纪 80 年代后期至进入 90 年代，专家学者通过研究认识到隔水层是由厚度较小的不同岩层组合而成的，且只有其中的关键隔水层才能很好地满足梁、板的厚度长度比条件，因此提出隔水层中起关键作用的关键层理论。钱鸣高院士的关键层理论认为，离层随着覆岩地层下沉，产生于层与层之间的裂隙，离层的发育、发展及时空分布受关键层控制，并发育于关键层之下；随着工作面推进，关键层初次破断前离层空间体积不断增加，初次破断后位于采空区中部的离层逐渐被压实，而采空区两侧的离层区是随着工作面的推进不断前移的，其高度和宽度仅为关键层初次破断前的 1/4～1/3。1981 年刘天泉[173]在国内率先提出了覆岩破坏学说，认为长壁开采后，覆岩变形特征及导水性能将上覆岩层分为"三带"，目前国内主要以此理论为研究顶板透水机理的基础。此后高延法教授突破了传统的"三带"观念,提出岩移"四带"模型[174],将基岩依其破坏后的力学结构特征划分为破裂带、离层带、弯曲带和松散冲积层带,进一步拓宽了对顶板透水机理的认识。高延法教授认为,煤层开采后,垮落带上部的岩层虽然发生断裂或下沉,仍持有层状结构,但沿着地层层面方向已不具有连续性,当断裂破坏现象发展到一定程度时,其上覆地层则出现离层和下沉现象。中国科学院院士宋振骐等[4]提出了煤矿水害事故的预测和控制的理论及相关信息基础,为煤矿安全高效开采及管理的信息化提供了基础。对于一类一型离层水害,引用爆炸学原理描述离层上部坚硬岩体突然断裂,瞬间对离层水体产生冲击压力,离层水体获得初始冲击压力后,以冲击波的形式在水体中向下传播至离层下部岩体,致使下部岩层在冲击作用下产生应力波,由此产生裂隙并向下扩展与导水裂隙沟通后透水;对于一类二型离层水害,根据固支梁理论,引用离层下部岩体极限厚度的确定公式,推导了初次来压、周期来压时软岩层破断时的厚度计算公式。

现有研究虽然在顶板透水机理及防治等方面取得了很大的进展,但还有很多内容有待进一步的扩充和发展,如不同地质和开采条件下顶板透水机理、富水覆岩顶板裂隙演化、破坏规律和覆岩潜水渗流规律、导水裂隙发育高度及变化规律等。近年来,伴随综采放顶煤开采技术的实施,有必要对综放开采条件下的覆岩运动和顶板底突水和瓦斯突出机理做进一步研究。

4.2.3　顶板透水灾害防控动力信息基础

矿井水文地质条件日趋复杂,透水影响控制因素增多,透水机理和类型复杂多变。《煤矿防治水规定》第 3 条提出了我国矿井防治水的新的"十六字"基本原则,即"预测预报、有疑必探、先探后掘、先治后采"。煤矿顶板透水事故预测与控制至关重要,从诱发因素和实现条件上来看,煤矿顶板透水事故是有迹可循的,需要进行科学准确预测并采取先进的控制技术和安全可靠的矿山施工管理,这样才能降低顶板透水事故的发生概率,防控顶板透水事故的发生,保证矿山生产安全。

1. 顶板透水灾害防控关键技术

顶板透水灾害防控关键技术涵盖了采动条件下矿井地质构造活化、煤层顶板破裂高度等理论研究和水害监测、预警与治理技术措施。在采动条件下,矿井水害的形成和发生都有一个从孕育、发展到发生的演变过程,在这一过程的不同阶段,应力应变(特别是地质构造部位)、水压(水位)、涌水量、水化学和水温等方面均会释放出对应的突、透水征兆,及时、准确、有效地监测这些征兆信息,建立一个集矿井水害监测、判识和预警技术于一体的完整体系,对于预防重特大水害事故发生具有重要的理论意义和实用价值。

　　采掘工作面超前探放水是一项传统的井下防治水技术，在地面工作无法查明矿井水文地质条件和充水因素的情况下，它在预测和避免重特大水害事故突发中仍然具有十分重要的使用价值。一般采掘工作面超前探放水的手段包括物探、化探、钻探和坑探等。物探和化探为无损性探测，而钻探和坑探为扰动破坏性探测，其中钻探和物探为主要常用手段。钻孔超前探放水是我国传统且目前仍被广泛应用的井下防治水的重要有效的方法之一，大量的超前钻探工作量严重影响了掘进工作面的掘进速度，超前探放水与掘进速度相互间产生了尖锐的矛盾，这种矛盾严重影响了井下超前钻孔探放水技术的推广应用。因此，在保证超前探放水质量和效果的前提下，如何减少探放水钻孔数量的技术变革就显得尤为重要。井下定向探放水钻孔具有开孔密度小、钻进轨迹可控性高、一孔多方位、无效进尺少、可与掘井同时平行作业互不影响、探测目标点准确和排水效率高等诸多优点，在回采工作面定向注浆加固隔水层与改造充水含水层、超前预探放顶板充水含水层地下水和老空水、地质构造和煤厚变化等不良地质异常体探测与治理方面具有较好的应用前景。

　　近些年来，随着科技的飞速发展，井下地球物理超前探测技术取得了长足发展，基本能够覆盖井下采掘工程的各个环节，形成了一套较为完整的井下地球物理探测技术体系。在掘进工作面超前探测方面，目前应用效果较好的常用方法主要为直流电法和瞬变电磁法。前者的优点是无探测盲区，且为接触型探测；但不足之处是在井下巷道空间只能向掘进前方单方向探测，探测距离较短（60～80m），且体积效应相对大。后者的优点是在井下巷道可多方向探测，探测距离相对较长（80～120m），体积效应相对较小；但其不足之处是探测成果存在20m左右的盲区，且为非接触型探测。在回采工作面超前探测方面，音频电透视、瞬变电磁、无线电透视CT、槽波地震和弹性波CT层析成像等为主要探测方法，其中音频电透视和瞬变电磁主要探测煤层顶板含水层、烧变岩的富水性和老空积水区分布及含导水构造等；无线电透视CT、槽波地震和弹性波CT层析成像主要探测煤层构造、煤厚变化、岩浆岩和火烧区等。

　　针对顶板透水灾害治理技术措施，国内外专家学者进行了充分的研究。离层是形成顶板主要裂隙的重要原因之一，离层带注浆充填等工作面围岩体固化控制技术日益成熟。覆岩离层注浆技术就是在掌握煤层上覆岩层内离层产生及发展的时空规律基础上，通过地面打钻将注浆材料高压注入覆岩体的可注离层带中，充填离层空间，降低覆岩破坏程度和采动裂隙扩展的集中发育程度，消除或减轻导水裂隙缝形成，同时减缓地表沉陷。随着采深加大和下组煤开采，矿井水害事故频发，潜在水患加剧，地面和井下整体或局部注浆技术在快速封堵治理透水灾害、消除潜在水害隐患方面显示出了明显的优势。例如，帷幕截流注浆在矿井地下水集中补给带和地下水排泄区强径流带等水害隐患处的封堵截流、局部预注浆改造充水含水层富水性和封堵导水通道、地面定向注浆在岩溶陷落柱上部建造"堵水塞"切断深部奥灰补给水源通道、地面综合注浆工艺和技术在充水巷道建立"阻水墙"等，这些日益完善的注浆技术实施的快速定向钻进及分支造孔技术、不同工艺和方法的地面与井下注浆技术以及各种注浆堵水效果评判方法和准则等，为矿井水害预防与治理提供了强大的技术保障。

此外，日益完善的采矿技术方法和合理安全高效的施工组织管理均对矿井顶板水害的预防控制提供了新的可能。综合机械化充填采煤技术利用煤壁、支架和充填体对直接顶的不间断接力支持，限制直接顶变形，使直接顶转变为基本顶，改变了矿山压力岩梁传递作用岩层，控制了矿压显现，稳定了煤层顶板含水层结构，从而达到了预防控制煤层顶板水害的目的。此外，综合机械化充填采煤技术在控制地表沉降、消除矿井地面矸石山、杜绝采空区瓦斯积聚、根除煤层自然发火隐患和减少矿山环境地质问题等方面也具有重要的意义。大功率、高扬程、大流量矿用潜水电泵技术的使用为水文地质条件复杂的矿井提供了一个替代技术的选择。过去一直依赖于进口的矿用潜水电泵由于价格高昂等原因，有限数量的进口潜水电泵只能应用于事故发生后应急抢险救援的排水，但随着我国科学技术的进步，具有自主知识产权的大功率、高扬程、大流量潜水电泵技术已逐渐成熟，大量物美价廉、性价比高的国产矿用潜水电泵为我国矿山水害预防与治理的普遍使用提供了物质保障和技术支撑。

合理调整推进速度、确定工作面合理宽度和采放高度、优化调整巷道布置和开采工艺、完善疏排水及水文观测系统、强化工作面安全管理等对控制顶板安全条件、防控顶板水灾具有重要意义。

开采扰动引起工作面围岩的应力重新分布，综放开采条件下，工作面推进速度对围岩力学环境也产生重要的影响。综放工作面前方 20m 以内，在工作面推进速度不大的情况下，尽管围岩应力不高，但巷道变形速率急剧增大；随着工作面推进速度的增加，工作面周围应力降低区、岩体破坏区的面积减小，工作面前方峰值应力向工作面靠近，工作面周围岩体的位移减小。适当提高综放开采推进速度有利于工作面管理和安全生产。在实际开采时，应结合多种因素综合考虑和确定推进速度与安全生产和生产效益最大化的关系，合理地提出一个适当的推进速度，保证压力均衡。

针对工作面合理宽度和采放高度的研究表明，根据首采工作面长度 150m，综放开采过程中上方顶板变形、破坏和运移规律的模拟结果，工作面一次采高比较大，工作面上覆岩层矿压显现剧烈，具有明显的来压特征，导水裂隙带发展高度为采高的 14～15 倍。受采动影响，上覆岩层大范围产生冒落和运移，裂隙高度触及含水层时，为含水层提供透水可能的通道。因此，在工作面正常开采的过程中，应该针对不同的阶段采取不同的技术措施。

优化巷道布置，调整开采工艺。研究证明，综放开采工作面一次采高比较大，工作面上覆岩层矿压显现剧烈，具有明显的来压特征。工作面推进过程中，受覆岩周期性破断及工作面前方超前采动应力的作用，始终在工作面附近形成贯通裂隙发育区，裂隙彼此连接贯通形成数条可能导水通道；工作面后方采空区中部冒落岩块逐渐压实，导致裂隙挤压闭合，形成局部裂隙闭合区。同时，容易沿工作面的下平巷形成斑裂线，工作面斑裂线是含水层水进入工作面的主要通道。

工作面开采水文地质条件极其复杂，要求施工单位严格贯彻和落实该面开采作业规程、专项防治水措施和水害抢险处理与防治预案，完善疏排水系统和水文观测系统，开采前要进行水害抢险处理与防治预案演习。工作面作业人员要熟知透水预兆和避水灾路线，发现险情要及时按水害抢险处理与防治预案和作业规程等专项防治水规定及时汇报，及时采取措施和撤人等。

2. 顶板透水灾害动力信息基础

采掘工作面推进过程中的顶板透水和底板突水都有可能造成淹没工作面和水流路径的工作场所，甚至造成整个矿井淹井的重大事故。顶板透水引发大范围的顶板垮塌，压死采场支架的重大顶板事故也时有发生。在既定开采条件下，当含水层与煤层平行时，判断透水可能性的模型和相关参数如图4-17所示。推进长度和工作面等长时，上覆岩层破坏范围不再继续增加，"裂断拱"高度达到最大。如果该工作面长度条件下形成的"裂断拱"沟通上部含水层，顶板透水事故便不可避免。在此基础上建立透水可能性预测模型（图4-18），并在分析顶板透水可能性预测模型的基础上提出透水判据（表4-2）。

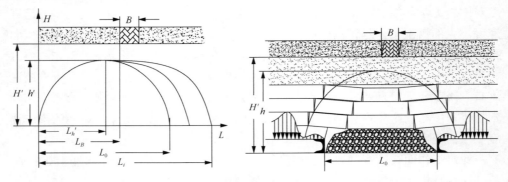

图 4-17　顶板透水预测结构

L—工作面推进步距；L_0—工作面长度；h'—裂断拱高度；L_h'—拱中心到开切眼距离；L_B—含水层至开切眼距离；
L_i—工作面推进距离；B—富水区宽度；h—裂断岩层发展高度；H—覆岩高度；H'—含水岩层高度

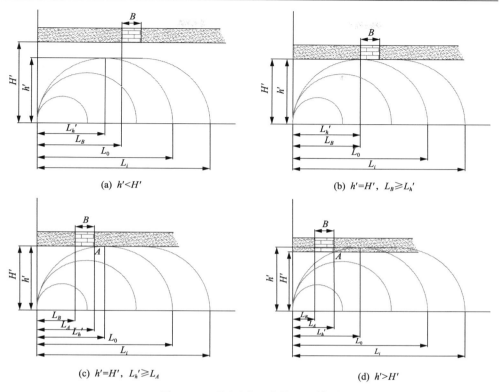

(a) $h'<H'$　　　　　　　(b) $h'=H'$, $L_B \geqslant L_h'$

(c) $h'=H'$, $L_h' \geqslant L_A$　　　　(d) $h'>H'$

图 4-18　顶板透水可能性预测模型

L_A—交汇点 A 到开切眼的距离

表 4-2　顶板透水判据

模型编号	判断准则	判断结果
(a)	$L_B > L_h'$	不透水
	$L_B < L_h'$	不透水
(b)	$L_B \geqslant L_h'$	透水
(c)	$L_B < (L_A - B)$	不透水
(d)	$L_B > (L_A - B)$	透水
	$L_B < (L_A - B)$	不透水

对于首采工作面，研究得到发展的破坏拱高度与工作面长度 (L) 的关系为

$$h = K_h L, K_h = 0.5 \sim 0.7$$

达到破坏拱高时工作面推进的步距 (L_0) 及中心距 (L_h) 分别为

$$L_0 = L$$
$$L_h = 0.5L$$

由图 4-18 可知，当已知工作面推进方向上含水层底板分布曲线和裂断拱边缘曲线方程时，通过联立求解即可得到交汇点位置及与工作面开切眼距离 L_A。如果含水层与煤层在推进方向上基本平行，中间所含岩层强度差异不大且赋存平稳，则相关曲线近似方程分别如下。

含水层底板曲线方程：

$$y = ax + B = H' \tag{4-19}$$

裂断拱边缘曲线方程：

$$y = \sqrt{h'^2 - (h' - x)^2} \tag{4-20}$$

当裂断拱波及含水层（ $h' \geqslant H'$ ）时，其交汇点（ A ）距开采眼间距（ L_A ）可由式 (4-19) 和式 (4-20) 联立解得：

$$L_A = \frac{2h' \pm \sqrt{4h'^2 - 4H'^2}}{2} \tag{4-21}$$

式中， $h' = 0.5L$ 。

由此得

$$L_A = \frac{L_0 \pm \sqrt{L_0^2 - 4H'^2}}{2} \tag{4-22}$$

显然，在含水层富水区宽度为 B 的情况下，开切眼距富水区边缘的最小距离 $L_{B\min}$ 为

$$L_{B\min} = L_A - B \tag{4-23}$$

同样，当已知开切眼距含水层富水区位置时，则可反求出不出现透水事故的最大允许工作面长度 $L_{\max}$ ，为

$$L_{\max} = \frac{H'^2 + (L_B + B)^2}{L_B + B} L_{\max} \tag{4-24}$$

透水可能性的控制关键在于弄清含水岩层位置及其富水区域的范围（ B ）。以此为基础，通过调整工作面长度和开切眼相对富水区域的位置关系，保证工作面推进全过程中裂断岩层不波及含水岩层，特别是富水区域。

顶板透水事故预测控制的信息包括水源信息、构造运动破坏情况、采动顶板运动破坏信息及采动应力分布信息四个方面。(1)水源信息,包括顶板含水层数目位置、厚度含水特征(包括含水性质、面积、富水区域分布、水压力及补给水源情况等),顶板隔水层位置、厚度,顶板褶曲、断层。(2)构造运动破坏情况,包括褶曲破坏情况和断层破坏情况,正是构造破坏沟通了各含水层及补给水源的联系,形成富水区域。(3)采动顶板运动破坏信息,包括在不同工作面长度条件下,上覆岩层运动破坏情况及随采场推进的发展变化规律等。其关键的信息有在既定工作面长度下,进入破坏的上覆岩层范围,包括直接顶厚度、基本顶厚度、导水裂隙带高度等;直接顶导水裂隙带各岩梁在重力作用下的运动步距,特别是第一次裂断步距等;可能进入导水裂隙带的含水层在重力作用下第一次裂断和周期性裂断步距。(4)采动应力分布信息的重点是采场四周煤壁进入破坏的"内应力场"宽度。其是布置预测基本顶来压测示手段的可靠区间,也是预测顶板透水可能发生的时间和地点的依据。

4.3　顶板灾害预控关键技术

相对瓦斯、水害事故而言,顶板事故发生重特大事故概率较小,但是由于控制设计决策及实施管理失控(包括富控岩层范围及其变化规律不清、支护质量失控等),大范围支架倾倒或压死压坏的重大事故仍时有发生。特别是随着综采工作面装备水平的提高,大采高综采在厚及特厚煤层矿区逐渐得到推广使用,采高加大,直接顶中出现大跨度悬顶坚硬岩层的概率增大,采场结构模型发生相应改变,矿压显现更加强烈。因此,深化顶板控制设计和防控关键技术及相关动力信息基础的研究,解决顶板控制决策和实施管理信息化、智能化和可视化,仍然是煤矿安全生产的紧迫任务。本节根据我国煤矿常见顶板事故现状,探讨了回采工作面顶板灾害事故原因及条件,在研究现有顶板运动规律的基础上,基于采场覆岩结构特征,建立了采场顶板结构模型,提出并分析了大采高采场"给定变形""限定变形"两种力学状态下支架工作荷载及缩量确定方法,修正了大采高下直接顶与基本顶概念,建立了大采高采场支架控顶设计准则及支架载荷的计算方法,并对其控制理论及相关信息基础进行细致探讨,研究成果在一定程度上为顶板灾害预控特别是大采高采场顶板控制设计及支架选型计算提供了依据[175-178]。

4.3.1　回采工作面顶板灾害事故概述

1. 回采工作面顶板灾害事故原因及条件

回采工作面掘进过程中顶板冒落(塌垮)事故的原因及实现的条件通常可以概

括为以下几点：采动失去平衡的顶板破坏和运动、支护不及时、支护阻抗力不足或稳定性差。正确预测顶板失稳破坏运动的地点和时间，在顶板失稳运动前及时设置阻抗力足稳定性强的支架，是控制事故发生的关键。

　　回采工作面顶板灾害事故按事故范围大小可分为局部冒顶事故，发生在顶板破碎部位；大面积切顶垮塌事故，发生在直接顶或基本顶来压运动时刻。其按事故的力源可分为直接顶(来压)运动造成的顶板事故，包括破碎的直接顶板局部冒落、直接顶运动压坏和推倒支架的大面积顶板垮塌事故；基本顶(来压)运动造成的顶板事故，包括基本顶来压冲击破坏和推倒支架造成的大面积切顶垮面事故。其按顶板塌垮运动和支架失稳破坏特征可分为压垮型事故，即直接顶和基本顶来压时，支架阻抗力不足或承缩量不够被压损破坏(支柱被压弯或压断等)所造成的顶板垮塌事故；推垮型事故，即直接顶和基本顶来压时，支架因稳定性不够被推倒所造成的顶板垮塌事故。回采工作面顶板灾害事故分类如图 4-19 所示。

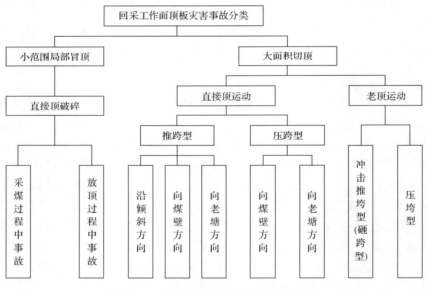

图 4-19　回采工作面顶板灾害事故分类

2. 采动应力与顶板灾害事故的关系

　　薄层结构的复合顶板(容易在采动应力作用下破碎)或开采煤层埋藏深度、采高、开采宽度(工作面长度)较大，采动应力场高峰深入煤壁(工作面)前方，即出现内应场的情况下，若支护不及时，容易发生局部冒顶事故。上述条件下出现局部冒顶事故的时间和地点由基本顶来压运动的规律决定。理论和实践证明，局部冒顶事故绝大多数出现在基本顶来压过程中，特别是基本顶来压时复合顶板被迫断裂的部位。该部位复合顶板破碎的主要原因在于：基本顶断裂，采动应力场明显分为两个部分，在顶板裂断线附近将有高强度的压力集中；在基本顶裂断来压回转过程中，被迫裂断回转的复合顶板将由原三相压缩状态向单相压缩状态过渡，抗压强度急剧下降；"外应力场"的应力高峰通过压裂挤碎低强度的复合顶板，实现向煤壁深部转移。综上所述，局部冒顶事故可能发生的时间、地点是有规律的。发生的规律和实现的条件与基本顶岩梁运动、在顶板断裂线附近采动应力的集中和转移直接联系在一起。

压垮型顶板事故，如顶板压垮支架、大面积垮塌事故发生在直接顶和基本顶大面积岩断来压过程中。对于基本顶来压断裂深入煤壁前方(有"内应力场")的情况，顶板大面积来压压垮支架垮塌事故在以下条件下实现：支架阻抗力不能平衡直接顶大面积运动的作用力，在顶板沉降过程中被压裂、压断，失去支撑能力；支架阻抗能力足以平衡直接顶沉降作用力，但允许压缩量不能适应基本顶沉降(至给定变形位置状态)的要求，在基本顶和已被迫裂断沉降的直接顶共同作用下被压裂或压断，失去支撑能力，这是采用刚性支架工作面出现压垮型事故的重要原因。

在有"内应力场"条件下，采场顶板裂断来压运动过程的特征是顶板裂断深入煤壁(工作面)前方，大范围顶板沉降运动以"内应力场"的煤体为支承运转实现。因此，只要在有可能产生动压冲击的基本顶运动前，尽可能保持其下位岩层的"贴紧"(最小的离层)状态(支架的阻抗力是以对其下位岩层运动采取"限定变形"的工作状态)，通过支架的缩量适应该岩梁沉到底(接触老塘已冒落的岩层)，压垮型的顶板塌垮事故即可避免。这正是在深部开采条件下，采场支架阻抗力往往可以比浅部采场低得多的原因。在有"内应力场"的条件下，顶板来压压垮工作面事故首先从采场局部区段支柱压坏失效开始(启动)。如果该区段在顶板的沉降过程中支架的阻抗力不能通过及时补充支护恢复，又无法从相邻区段支架的支撑能力中得到补充，顶板沉降压毁支架的事故将迅速向全部顶板范围扩展，直至大面积顶板垮塌事故的发生。因此，正确的支护设计，包括正确选择支护阻抗力和允许的缩量是控制压垮型顶板事故发生和发展的关键。压垮型顶板塌垮事故发生在顶板大面积来压过程中，从局部区段支架拆损开始(启动)，迅速向全范围扩展。支架被压死的顶板垮塌事故一直伴随着基本顶上位岩梁的周期性裂断重复出现，这充分说明对于不出现"内应力场"的工作面，特别是在顶板比较坚硬的条件下，没有高阻抗力的支架阻止下位岩梁和直接顶的沉降，上位高强度岩梁运动时压塌工作面将不可避免。

推垮型顶板塌垮事故发生在顶板来压过程中，推垮动力可能来源于直接顶板自身，也可能来源于基本顶裂断来压的冲击和推动力。推垮型顶板事故实现的条件如下：①直接顶与基本顶分界层间或复合结构的直接顶分层之间出现较大的离层空间，从而失去层向运动的摩擦阻抗能力。其实现的条件是：支架设计阻抗能力（包括初垮力及工作阻力）不足；支架架设质量不高，特别是初撑力不足；顶底板松软，支架破顶钻底或因采用圆度低的鞋冒（背板）等辅助性支护结构，造成支架的实际（有效）支撑（承载）能力很低。②直接顶或其下部分层处于四周割裂（切断）的孤岛状态。其实现的条件是：老塘直接顶板冒落、直接顶板来压或在基本顶来压强迫下沿煤壁（或深入煤壁前方）裂断。③断层等构造切断，或回采巷道破顶掘进切割使直接顶在倾斜方向（垂直推进方向）被切断。

4.3.2　顶板灾害事故发生机制

顶板来压预测建立在对采场推进上覆岩层运动破坏规律正确认识的基础之上。其中，直接顶及基本顶各"传递岩梁"第一次裂断来压的规律及力学过程如图 4-20 所示。

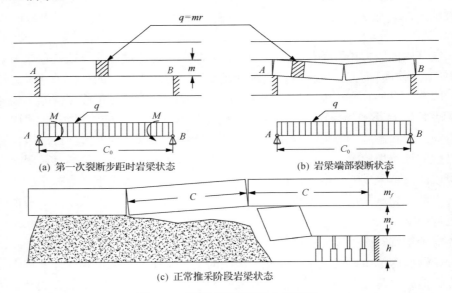

(a) 第一次裂断步距时岩梁状态　　　　　(b) 岩梁端部裂断状态

(c) 正常推采阶段岩梁状态

图 4-20　裂断来压规律的力学模型

q—顶板最小支护强度；m—悬吊岩层厚度；A、B—两端支撑点；C—周期断裂步距；
C_0—第一次来压步距；M—弯矩；m_z—直接顶厚度；m_f—基本顶厚度

岩梁在采场（工作面）推进至第一次裂断步距（C_0）时处于两端嵌固的支承状态 [图 4-20（a）]。两弯矩 $M_A = M_B = \dfrac{qC_0^2}{12}$，达到端部拉应力超限的极限值。此时梁中弯矩 $M_0 = \dfrac{qC_0^2}{24} = \dfrac{M_A}{2}$，只有端部的一半。因此，裂断将首先以深入煤壁的端部开始。

岩梁端部裂断实现的过程中，弯矩将逐步向中部转移，直至梁端完全裂断进入简支状态[图 4-20(b)]。此时，$M_A = M_B = 0$，梁中弯矩 M_0 达到最大值，即 $M_0 = \dfrac{qC_0^2}{8}$。显然其值远远超过端部裂断实现的弯矩值 $\dfrac{qC_0^2}{12}$。因此，岩梁端部裂断实现之后，梁中裂断采场第一次来压随之发生。

采场进入正常推进阶段，直接顶及基本顶各传递岩梁处于悬臂梁支承状态。其中，处于完全自悬臂状态的直接顶嵌固端弯矩 $M_0 = \dfrac{qC_0^2}{2}$。因此，其最大的悬臂跨度 C 值将不超过第一次岩断步距的 $\dfrac{1}{6}$，即 $C = \dfrac{1}{6}C_0$。其裂断位置视采场支架阻抗力，特别是初撑力的大小可能出现以下两种情况：①当 $P_T \geqslant q_0(l_K + C)^2 / l_K^2$ 时，直接顶在支架后方切断；②当 $P_T < q_0(l_K + C)^2 / l_K^2$ 时，直接顶可能在煤壁处切断。式中，P_T 为支架强度，kN/m^2；l_K 为支架控顶距；C 为直接顶老塘侧最大悬顶距；q_0 为直接顶容重，kN/m^2。

基本顶来压时，直接顶将被迫在煤壁处切断，其来压步距基本顶来压确定。因此，正确预测基本顶来压是正常推进阶段顶板控制的关键。

进入正常推进阶段，基本顶各岩梁处于一端触矸的悬臂状态，如图 4-20(c)所示。研究证明，其周期断裂步距 C 从岩梁第一次裂断实现到开始按一小一大逐步过渡到恒等于第一次来压步距 C_0 的 1/3 左右。

基本顶各梁周期性岩断来压同样首先从端部裂断开始。端部裂断岩梁将在重力作用下沉，采场顶板来压即开始。

综上所述，在正常顶板条件下，无论是第一次来压阶段顶板各岩梁的第一次来压，或是进入正常推进阶段岩梁的周期性裂断来压，都是从岩梁嵌固端的裂断开始的。

4.3.3 顶板灾害事故防控动力信息基础

1. 顶板灾害事故防控关键技术

在实现采场顶板运动和来压预测预报的基础上，应针对性地正确地进行顶板控制设计。顶板控制设计决策的主要工作内容包括：以需控制的顶板范围和支承条件为核心的"结构力学模型"的建立和相关参数的确定、采场支架阻抗能力与需控顶板位置状态(位态)间的关系、安全控制准则及相关力学保证条件的确定等。顶板控制设计决策模型(控制设计结构力学模型)包括需控岩层范围及支承条件两个部分，如图 4-21 所示。

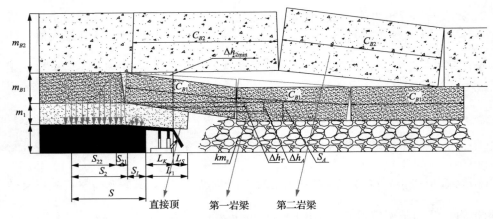

图 4-21　顶板控制设计决策模型

1) 需控岩层范围包括老塘已垮落的直接顶及由运动明显影响的采场矿压显现的传递岩梁组成的基本顶两个部分。

直接顶厚度的表达式如下:

$$M_Z = \sum_1^n M_i = \frac{h - S_A}{K_A - 1} \tag{4-25}$$

式中, n 为老塘已冒落的岩层数; M_i 为已冒落岩层的厚度; h 为采高; K_A 为已冒落岩层碎胀系数; S_A 为基本顶下位岩梁触矸处的沉降值(恒小于该岩梁的老沉降值 S_0)。

常用的直接顶厚度确定方法主要有两种, 一种是根据实测下位岩梁第一次来压步距 C_0 和相应的采场顶板下沉量 Δh_0, 用式(4-26)推断的"实测推断法"; 另一种则是直接根据采场上覆岩层钻孔柱状图按各岩层冒落条件判断的"钻孔柱状推断法"。其中"实测推断法"的推断程序如下:

第一步: 实测基本顶下位岩梁第一次来压步距 C_0 及相应控顶距 L_k 下的采场顶板下沉量 Δh_0。

第二步: 按下式计算得下位岩梁触矸处沉降值 S_A:

$$S_A = \frac{C}{l_K} \Delta h_0 \tag{4-26}$$

第三步: 用式(4-25)推断直接顶厚度:

$$M_Z = \frac{h - S_A}{K_A - 1}$$

碎胀系数 K_A 值表示直接顶各岩层岩性强度。岩性强度越高, K_A 值越大。一

般可取 K_A=1.25～1.35。

钻孔柱状推断法按直接顶各岩层厚度小于其下部允许运动的自由空间高度的原理由下而上逐层判断，即

$$M_Z = \sum_1^n M_i \tag{4-27}$$

其中：

$$M_n \leqslant h - \sum_1^{n-1} M_i (K_A - 1)$$

$$M_{n+1} > h - \sum_1^n M_i (K_A - 1)$$

基本顶由运动明显影响采场矿压显现（包括支架载荷和沉缩等顶板压力显现及煤壁压缩等支承压力显现）的传递岩梁组成。基本顶中每一传递岩梁由包括支托层和随动层的同时运动（近乎同时运动）岩层组成。按下列公式判断它们是否属于同一岩层。

相邻岩层同时运动（组成同一岩梁），则：

$$E_S M_S^2 \geqslant (1.15 \sim 1.25)^4 E_C M_C^2 \tag{4-28}$$

相邻岩层分别运动（分别构成岩梁），则：

$$E_S M_S^2 < (1.15 \sim 1.25)^2 E_C M_C^2 \tag{4-29}$$

式中，M_S 和 E_S 分别为下位岩层的厚度和弹性模量；M_C 和 E_C 分别为上位岩层的厚度和弹性模量。

研究及实践证明，一般顶板（上覆岩层）条件下，组成基本顶的传递岩梁数不超过三个，总厚度在来高的 4～6 倍。单一岩梁和多岩梁的典型顶板（上覆岩层）结构组成情况及其采场矿压显现如图 4-22 所示。

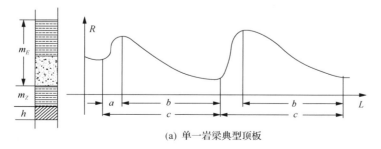

(a) 单一岩梁典型顶板

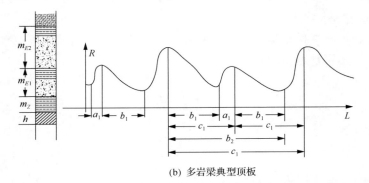

(b) 多岩梁典型顶板

图 4-22　单一岩梁和多岩梁的典型顶板结构组成情况及其采场矿压显现

基本顶各传递岩梁在自重作用下自行运动来压步距分别以下公式表示。

第一次岩断来压步距（C_0）：

$$C_0 = \sqrt{\frac{2M_S^2[\sigma_S]}{(M_S + M_C)\gamma}} \qquad (4\text{-}30)$$

周期来压步距（C_i）：

$$C_i = \frac{1}{2}C_{i-1} + \frac{1}{2}\sqrt{C_{i-1} + \frac{4M_S^2[\sigma_S]}{3(M_S + M_C)\gamma}} \qquad (4\text{-}31)$$

式中，M_S 和 M_C 分别为岩梁下部（支托）岩层和上部（随动）岩层厚度；$[\sigma_S]$ 为下部（支托）岩层允许拉应力；γ 为岩梁平均容重；C_i 和 C_{i-1} 分别为本次同期来压步距及与之关联的上一次周期来压步距。

如果同时运动的岩层只有一层（本层），则上列各式中随动岩层 M_C 则为零。该岩梁由单一岩层运动构成。

2) 采场支架阻抗能力与需控岩层状态间的关系——"传递岩梁"位态方程式。

采场支架阻抗能力及其力学特性必须保证对直接顶裂断来压的绝对控制，即当直接顶在煤壁切断时，支架必须完全承担其全部作用力，即支架必须保证在直接顶裂断来压所给定载荷下安全工作。满足此要求的支架工作阻抗力可由下式表示：

$$P_A = A = M_Z\gamma_Z f_Z \qquad (4\text{-}32)$$

式中，M_Z、γ_Z 分别为直接顶厚度及平均容重；f_Z 为考虑支架合力作用点位置和老塘悬顶的力矩系数。

当已知支架合力作用点距煤壁距离（L_i）、控顶距（L_K）及悬顶距（L_S）时，f_Z 可用

下式计算得出:

$$f_Z = \frac{L_K}{2L}\left(1+\frac{L_S}{L_K}\right)^2 \tag{4-33}$$

基本顶岩梁来压时,直接顶将被迫裂断来压。此时,采场支架可以在该岩梁老塘端(裂断处)沉降触矸的工作状态下——给定变形条件下工作,也可以在阻止岩梁沉降至裂断处触矸的限定变形条件下工作。

基本顶岩梁来压时,支架在给定变形条件下工作时的采场顶板下沉量(Δh_T)由岩梁自由沉降至老塘端裂断处触矸的位置状态所"给定",即

$$\Delta h_T = \Delta h_A \tag{4-34}$$

其中:

$$\Delta h_A = \frac{L_K S_A}{C_E} \tag{4-35}$$

$$S_A = h - m_Z(K_A - 1) \tag{4-36}$$

式中,Δh_A 为采场支架在给定变形(老塘裂断处触矸)条件下的采场顶板下沉量;S_A 为岩梁断裂触矸处的沉降值;L_K 为支架控顶距离;C_E 为岩梁裂断来压步距;m_Z 为冒落直接顶厚度;K_A 为岩梁触矸处冒落岩层碎裂系数;h 为采高。

支架在给定变形条件下工作时的阻抗能力(P_T)可以在下列两个极限值间任意选择。其中,支架在给定变形条件下工作的上限值不能超过直接顶作用力(A)和岩梁下沉到底给支架的作用力(K_A)之和,即

$$P_{T\max} = A + K_A \tag{4-37}$$

其中:

$$A = m_Z \gamma_Z f_Z$$

$$K_A = \frac{m_E \gamma_E C_E}{K_T L_K}$$

式中,K_T 为考虑支架承担岩梁重力的比例系数,一般顶板条件下可取 $K_T=2$。

支架在给定变形条件下工作的最低阻抗能力($P_{T\min}$)不能低于直接顶作用力,即

$$P_{T\min} = A = m_Z \gamma_Z f_Z \tag{4-38}$$

支架在限定变形条件下工作时,要求控制的采场顶板下沉量(Δh_T)小于岩梁

裂断处触矸时的采场顶板下沉量(Δh_A)，即

$$\Delta h_T < \Delta h_A$$

其中：

$$\Delta h_A = \frac{L_K S_A}{C_E} \quad S_A = h - m_Z (K_A - 1)$$

式中参数定义同前。

限定变形条件下支架必需的阻抗能力(P_T)值，针对已知岩梁结构参数的差异分别可由下列位态方程表达。

当岩梁厚度 M_E 及裂断步距 C_E 已知时：

$$P_T = A + K_A \frac{\Delta h_A}{\Delta h_T} \tag{4-39}$$

其中：

$$A = m_Z \gamma_Z f_Z \tag{4-40}$$

$$K_A = \frac{m_E \gamma_E C_E}{K_T L_K} \tag{4-41}$$

式中参数含义及求取方法同前。

当岩梁结构参数 M_E 及 C_E 未知时，岩梁位态方程可以通过实测建立，其表达式为

$$P_T = A + K_O \frac{\Delta h_O}{\Delta h_T} \tag{4-42}$$

其中：

$$A = m_Z \gamma_Z f_Z \tag{4-43}$$

$$K_O = P_O - A \tag{4-44}$$

式中，P_O 及 Δh_O 分别为支架在限定变形条件下工作时，实测所得顶板压力(支架阻抗力)和相应的采场顶板下沉量。

2. 顶板灾害事故动力信息基础

顶板控制设计的原则是在切实保证排除冒顶事故的前提下，争取最低的支护强度和最小的工作阻力。其基本要求包括：防止直接顶板破碎，排除局部冒顶事故；杜绝切顶垮面等重大顶板事故的发生；把采场顶板下沉量控制在支柱(活柱)

压缩量所允许的范围内。

　　实践证明，在基本顶裂断来压过程中，防止空顶区（机道）直接顶板破碎冒落的关键是使支架的阻抗力能保证在"内应力场"范围内（图 4-23 所示结构力学模型中，工作面从 A 推进至 B 处），煤壁承受的压力达到最低的可能值（$\sigma_{\max} \to 0$），即要使支架的阻抗力能达到保证顶板的高速沉降和回转在断裂线进入采场（控顶区）后才发生。

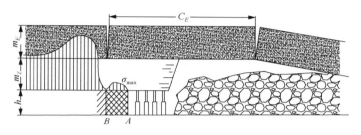

图 4-23　设计准则和力学条件

　　重大顶板垮塌事故分解和控制实践证明，在直接顶和基本顶裂断来压前和发展过程中，防止（或尽可能地减小）采场上方（控制区范围内）直接顶与基本顶间的离层及基本顶下位岩梁和上位岩梁间的离层是排除切顶垮面事故的关键。相应的控制准则是基本顶上位岩梁来压时，支架的阻抗力足以保持下位岩梁的工作处于图 4-24（a）所示与上位岩梁贴紧的位置状态。其相应力学条件中要求的支护强度（P_T 值）可由下列位态方程求出，即

$$P_T = A + K_A \frac{\Delta h_A}{\Delta h_T} \tag{4-45}$$

其中：

$$A = m_Z \gamma_Z f_Z$$

$$K_A = \frac{M_E \gamma_E C_E}{K_T L_K}$$

$$\Delta h_A = \frac{L_K S_A}{C_{E1}}$$

$$S_A = h - m_Z \left(K_A - 1 \right)$$

$$\Delta h_T = \Delta h_{\min}$$

式中，M_E、C_E 分别为下位岩梁厚度及来压步距；$\Delta h_{\min}$ 为上位岩梁（M_{E2}）来压前的最小采场顶板下沉量，可近似由下式求得：

$$\Delta h_{\min} = \frac{L_K S_A}{2C_{E2}} \tag{4-46}$$

$$S_A = h - M_Z (K_A - 1) \tag{4-47}$$

显然，在上述支护强度条件下的支架阻力不能限制上位岩梁的沉降。因此，上位岩梁来压完成时，支架将处于给定变形工作状态，即图 4-24(b) 所示条件下工作。此条件下支架(活柱)允许的缩量必须符合下式要求，否则在上位岩梁来压完成时，会出现"压死支架"的重大事故。

$$\varepsilon_{\min} \geqslant \Delta h_A - \sum \sigma_i \tag{4-48}$$

式中，$\varepsilon_{\min}$ 为要求的支架(活柱)最小允许缩量；$\sum \sigma_i$ 为支架破顶、钻底和"穿鞋""带帽"等半自动性支护结构压缩的总合，设计时可按 $\sum \sigma_i = 0$ 考虑；Δh_A 为上位岩梁来压完成时采场顶板下沉量，可由下式求出：

$$\Delta h_A = \frac{L_K S_A}{C_E}$$

式中，C_E 为上位岩梁来压时下位岩梁被迫裂断的步距，可近似用下位岩梁自由裂断来压步距代替；其他符号含义同前。

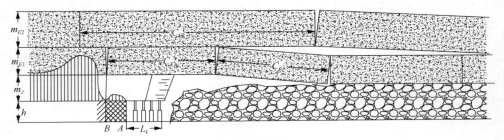

(a) 限定变形状态

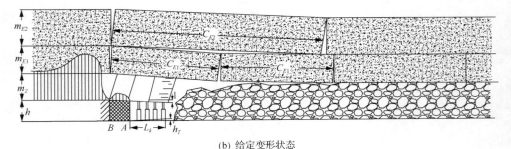

(b) 给定变形状态

图 4-24　设计准则和力学条件

回采工作面顶板事故控制的信息基础包括以下三个方面：①需控岩层范围及其运动发展规律的信息，主要包括直接顶厚度及第一次垮落和周期性自由垮落的步距、基本顶岩梁组成、相关岩梁厚度及第一次裂断和周期性裂断步距等；②采场支承压力大小分布及发展规律的信息，主要包括煤壁前方压缩破坏，即"内应力场"出现的地点和时间，以及随采场推进扩展的规律等；③断层等断造破坏的位置及破坏特征，包括断层的断裂面走向、落差、倾斜角(特别是断层面相对工作面的夹角)及贯通工作面的重大褶曲构造结构特征等。

采高的变化改变了覆岩的运动空间、岩块的回转角和裂隙的发育。在对顶板灾害事故机理及防控技术研究分析的基础上，为了避免大采高工作面由于顶板控制存在问题而影响工作面生产能力发挥，针对大采高顶板控制模型及支架合理承载情况，采动力学课题组运用传递岩梁理论建立了大采高采场结构力学模型，探讨了大采高采场的覆岩结构及运动规律，修正了大采高下直接顶及基本顶概念，确立了支架载荷的计算方法。同时，确定了给定变形状态，支架缩量应大于顶板下沉量；限定变形状态，支架阻抗力与岩梁位移有关；采高增大，直接顶厚度可能大幅度增加，直接顶中出现大跨度悬顶坚硬岩层的概率增大。影响采场矿压显现的传递岩梁(基本顶)范围相对减少，相关岩梁距采场的高度增大。

影响采场矿山压力显现的岩层范围是有限的、可知的和可变化的，对采场矿山压力显现有明显影响的岩层范围仅是上覆岩层中很小的一部分，包括直接顶和基本顶两部分。采场"支架-围岩"关系包括支架对直接顶的控制方式和对基本顶岩梁的控制方式。普通采高条件下，对直接顶采取给定载荷的工作方式，基本顶采取给定变形和限定变形两种工作方式。在大采高条件下，由于直接顶可能出现大跨度悬顶结构，为保证支架安全、有效工作，应同样对直接顶采取给定变形和限定变形两种工作方式。对直接顶而言，给定变形工作状态，直接顶稳定时的位置状态由其强度及两端支撑情况确定，即支架缩量满足上覆岩层下沉，而阻抗力不足以抵挡直接顶下沉，只能在一定范围内降低其运动速度；限定变形工作状态，直接顶稳定时的位置状态由支架支撑情况确定，即支架要能够完全阻抗直接顶下沉。对基本顶而言，给定变形工作状态，岩梁末端触矸且岩梁运动稳定时的位置状态由岩梁的强度及两端支撑情况决定。在岩梁由端部裂断到沉降至最终位态的整个运动过程中，支架只能在一定范围内降低岩梁运动速度，但不能对岩梁的运动起到阻止作用。给定变形工作状态下，岩梁运动全过程中支架作用力与顶板压力之间的关系为 $Q_{顶板} > R_{支架}$。限定变形工作状态，岩梁末端未触矸且进入稳定时的状态(岩梁运动稳定时既定控顶距处的采场顶板下沉量)由采场支架的阻抗力所限定。在限定变形工作状态下，由采场支架阻力所限定的采场顶板下沉量小于顶板下沉量。

厚煤层大采高开采时，由于一次性开采厚度大幅加大，采空区空间相对较大，直接顶的垮落范围及基本顶的断裂移动范围将大幅度增大，原直接顶冒落后不足以充填采空区，使得采场上覆岩层有很大的回转空间，因此原属基本顶的部分岩层可能转化为直接顶，直接顶中出现大跨度悬顶坚硬岩层的可能性（概率）增大，同时影响采场矿压显现的基本顶范围（包括数目和总厚度）相对减少，相关基本顶距采场的高度增大，断裂运动对采场动压冲击的可能性明显下降。此时采场上覆岩层"单一关键层"采场结构如图4-25所示，直接顶出现大跨度悬顶。

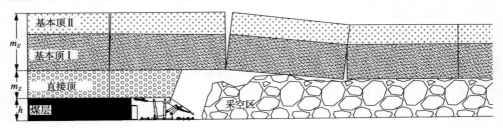

图4-25 "单一关键层"采场结构

m_E—基本顶厚度，m；m_Z—直接顶厚度，m；h—煤层厚度，m

一般定义直接顶为采空区冒落岩层的总和，且在推进方向上不能保持传递力的联系，重力由支架全部承担；基本顶由在推进方向上始终保持传递力的联系，且对采场矿山压力显现有明显影响的传递岩梁组成。因此，以往关于直接顶的定义已不能适应大采高状况，大采高直接顶定义修正为采空区冒落岩层总和，且在推进方向不能保持传递力的联系，重力由支架全部承担或者部分承担。

1）直接顶范围理论确定：

$$M_Z = \sum_{i-1}^{n} M_i, M_n \leqslant h - \sum_{i=1}^{n-1} M_i (K_A - 1), M_{n+1} \geqslant h - \sum_{i=1}^{n} M_i (K_A - 1)$$

式中，M_i 为岩层厚度；K_A 为采空区矸石碎胀系数；h 为开采厚度。

2）直接顶范围实测确定：

$$M_Z = \frac{h - S_A}{K_A - 1} \tag{4-49}$$

式中，S_A 为岩层沉降大小。

3）基本顶范围理论确定。相邻岩层同时运动（构成同一关键层），则：

$$E_S M_S^2 \geqslant (1.15 \sim 1.25)^4 E_C M_C^2 \tag{4-50}$$

相邻岩层分别运动（构成不同关键层），则：

$$E_S M_S^2 < (1.15 \sim 1.25)^2 E_C M_C^2 \tag{4-51}$$

式中，E_S 为下部岩层弹性模量；E_C 为上部岩层弹性模量；M_S 为下部岩层厚度；M_C 为上部岩层厚度。

4) 基本顶范围实测确定。上覆岩层为"单一关键层"结构，周期性裂断时，支架承载值 R 与推进步距 L 间呈现单一周期波动状态；上覆岩层为"双关键层"结构，周期性裂断时，支架阻力曲线呈现大小周期波动状态，小幅度波动代表下位关键层裂断时压力显现，大幅度波动代表上位关键层裂断时压力显现，如图 4-26 所示。

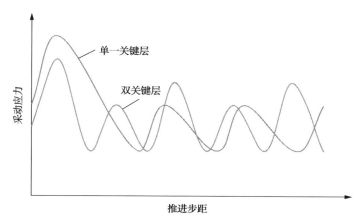

图 4-26 不同关键层结构矿压显现规律

采场"支架-围岩"关系包括支架对直接顶的控制方式和对基本顶的控制方式两个部分。其中，对直接顶采取给定载荷的控制方式，对基本顶采取给定变形和限定变形的控制方式。在大采高条件下，由于直接顶可能出现大跨度悬顶结构，如图 4-27 所示，为保证支架安全、有效工作，应同样对直接顶采取给定变形和限定变形两种工作方式。

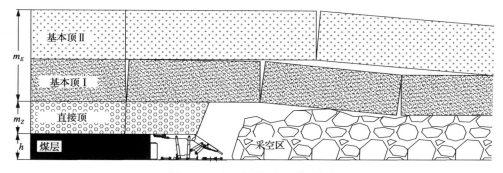

图 4-27 "双关键层"采场结构

5) 直接顶给定变形工作状态控制设计。直接顶稳定时的位置状态由其强度及两端支撑情况确定，即支架缩量满足直接顶下沉，而支架阻抗力不足以抵挡直接顶下沉运动，只能在一定范围内降低其运动速度。其结构模型如图 4-28(a) 所示。

采场处于相对平衡稳定状态，取 $f_1 = 1$，$f_2 = \dfrac{1}{2}$，根据力学平衡，建立支架平衡方程：

$$q_Z = m_Z \rho_Z g f = m_{Z1} \rho_{Z1} g + \frac{m_{Z2} \rho_{Z2} g}{2} \tag{4-52}$$

支柱活柱缩量为

$$\varepsilon = \Delta h A = \frac{h - m_{Z2}(K_A - 1)}{C_{Z2}} l_{Z2} \tag{4-53}$$

式中，l_{Z2} 为直接顶第二层控顶距，m；C_{Z2} 为直接顶来压步距，m；$K_A - 1$ 为采空区矸石碎胀系数；m_{Z1}、m_{Z2} 分别为直接顶第一、二分层，m；ρ_{Z1}、ρ_{Z2} 分别为直接顶第一、二分层密度，kg/m^3。

6) 直接顶限定变形工作状态控制设计。直接顶稳定时的位置状态由支架支撑情况确定，即支架要能够完全阻抗直接顶下沉。其结构模型如图 4-28(b) 所示。

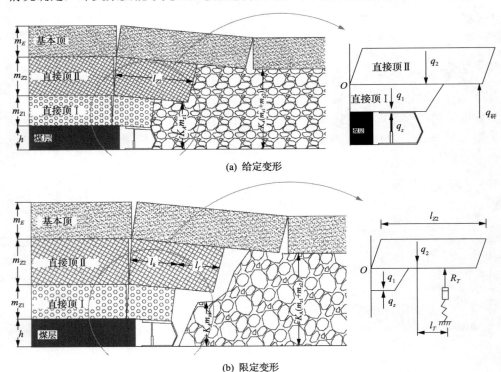

(a) 给定变形

(b) 限定变形

图 4-28　直接顶给定变形和限定变形采场结构

采场处于相对平衡稳定状态，根据力学平衡得

$$R_T l_T = m_{Z1}\rho_{Z1}gl_{Z1}\frac{l_{Z1}}{2} + m_{Z2}\rho_{Z2}gl_{Z2}\frac{l_{Z2}}{2} = \frac{1}{2}\left[m_{Z1}\rho_{Z1}gl_{Z1}^2 + m_{Z2}\rho_{Z2}g\left(l_k + l_f\right)^2\right]$$

(4-54)

支架支护强度为

$$q_Z = m_{Z1}\rho_{Z1}g + m_{Z2}\rho_{Z2}g + m_{Z2}\rho_{Z2}g\left[\left(\frac{l_f}{l_k}\right)^2 + 2\frac{l_f}{l_k}\right]$$

(4-55)

由此可知：

当 $l_f = 0$ 时，$q_Z = m_{Z1}\rho_{Z1}g + m_{Z2}\rho_{Z2}g = m_Z\rho_Z g$；

当 $l_f = l_k$、$m_{Z1} = m_{Z2}$ 时，$q_Z = 5m_{Z2}\rho_{Z2}g$。

7) 基本顶给定变形工作状态控制设计。关键层末端触矸且关键层运动稳定时的位置状态由关键层的强度及两端支撑情况决定。在关键层由端部裂断到沉降至最终位态的整个运动过程中，支架只能在一定范围内降低关键层运动速度，但不能对关键层的运动起到阻止作用。其采场结构模型如图 4-28(a) 所示。

在给定变形工作状态下，关键层运动全过程中支架作用力与顶板压力之间的关系为

$$Q_{顶板} > R_{支架}$$

(4-56)

此时，关键层从运动到重新进入稳定的全过程中，都无法建立起支架受力与顶板压力之间的直接关系方程。但支架缩量根据图 4-28(b) 可以求得：

$$\varepsilon = \Delta h_A = \frac{h - m_Z\left(K_A - 1\right)}{C_E}l_K$$

(4-57)

式中，C_E 为基本顶来压步距，m。

8) 基本顶限定变形工作状态控制设计。关键层末端未触矸且运动稳定时的状态由采场支架的阻抗力所限定，其结构模型如图 4-29 所示。

在限定变形工作状态下，支架缩量与顶板下沉量有以下关系式成立：

$$\Delta h_{支架} < \Delta h_{顶板}$$

(4-58)

建立了支架阻力与取得平衡时所需的关键层位态力学关系方程，即在基本顶下沉量为 Δh_i 时所受顶板压力，包括基本顶关键层作用力和直接顶作用力两部分。

$$q_E = f\left(\Delta h_i\right) = q_Z + K\frac{\Delta h_A}{\Delta h_i} \tag{4-59}$$

式中，K 为关键层位态常数，即顶板下沉量为 Δh_A 时单位面积关键层作用力，$K = \dfrac{m_E \rho_E g C_E}{K_T l_K}$。

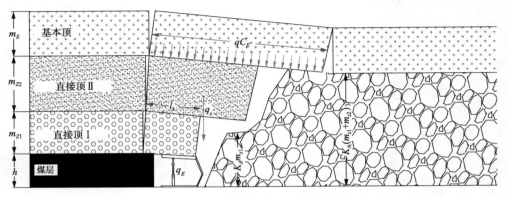

图 4-29　单一关键层限定变形采场结构

综上所述，支架选型设计应明确上覆岩层结构，即确定是限定变形还是给定变形。限定变形时定阻力，即支架阻抗力应把基本顶下位关键层来压时的下沉值控制到足以排除上位坚硬关键层来压时出现冲击的可能性；给定变形定缩量，即缩量能够完全适应下位关键层触矸(沉到底)时的采场顶板最大下沉量。

确定了采场矿压显现有明显影响的基本顶关键层可以分为"单一关键层"和"双关键层"两种。在基本顶"双关键层"结构下，既要防止下位关键层运动时的切顶、活柱缩量超限等威胁，又要防止上位关键层来压时对采场的动压冲击。基于大采高采场结构力学特性，建立大采高采场支架控顶设计准则，如图 4-30 所示。

(1)"单一关键层"结构。基本顶来压时，支架应能保证在对直接顶限定变形的基础上，实现基本顶的给定变形控制要求。由图 4-28 可知，依据力学平衡，建立支架平衡方程：

$$q_Z = m_{煤}\rho_{煤}g + m_Z\rho_Z g = m_{煤}\rho_{煤}g + m_{Z1}\rho_{Z1}g + m_{Z2}\rho_{Z2}g + m_{Z2}\rho_{Z2}g\left[\left(\frac{l_f}{l_k}\right)^2 + 2\frac{l_f}{l_k}\right] \tag{4-60}$$

式中，$m_{煤}$、$\rho_{煤}$ 为残余顶煤厚度和密度；m_{Z1}、ρ_{Z1}、m_{Z2}、ρ_{Z2} 分别为直接顶第一、二分层的厚度与密度；l_k、l_f 分别为直接顶的控顶距与悬顶距。

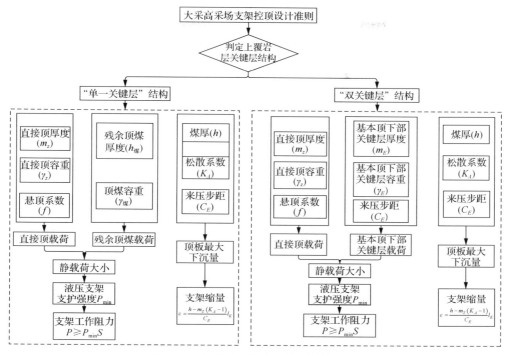

图 4-30 大采高采场支架控顶设计准则

"单一关键层"结构支架缩量为

$$\varepsilon = \frac{h - m_Z \left(K_A - 1 \right)}{C_E} l_K \tag{4-61}$$

式中，h 为煤层厚度；K_A 为采空区矸石碎胀系数。

（2）"双关键层"结构。基本顶来压时，支架应能保证在对下位关键层限定变形的基础上，实现上位关键层的给定变形控制要求。基本顶初次来压时，由式（4-59）可知，支架的支护强度为

$$q_{E1} = q_Z + K_A \frac{\Delta h_A}{\Delta h_i} = m_煤 \rho_煤 g + m_Z \rho_Z g + \frac{m_{E1} C_{E1} \rho_{E1} g}{2 l_K} \tag{4-62}$$

式中，C_{E1} 为基本顶下位关键层初次来压步距。

基本顶周期来压时，由式（4-59）可知，支架的支护强度为

$$q_{E2} = q_Z + K_A \frac{\Delta h_A}{\Delta h_i} = m_煤 \rho_煤 g + m_Z \rho_Z g + \frac{m_{E1} C_{O1} \rho_{E1} g}{2 l_K} \tag{4-63}$$

式中，C_{O1} 为基本顶下位关键层周期来压步距。

"双关键层"结构支架缩量为

$$\varepsilon = \frac{h - m_Z\left(K_A - 1\right)}{C_E} l_K \tag{4-64}$$

第5章　基于应力梯度理论围岩大变形控制

随着煤矿开采深度的逐年增加和我国中东部煤炭资源的枯竭，深部开采因高地温、高地压、高渗透压和开采扰动的不利影响，部分矿井由浅部硬岩矿井转型为深部软岩矿井。西部中生代煤系地层成岩年代晚、胶结度差，为松散软弱的泥岩、砂质泥岩或泥质砂岩，遇水易泥化，使得深部巷道大变形难支护问题日益显现（图5-1），特别是受动压影响的回采巷道稳定性控制难度更大[179,180]。普通锚网索不能满足巷道支护要求，出现围岩大变形现象，若支护不当，将会导致巷道顶板下沉速度快，下沉量大，并时常伴有局部冒顶；底鼓速度快，变形总量大；巷道两帮片帮严重等现象。这不仅会降低巷道的服务年限，增加维护成本和经济成本，还会危及井下人员的作业安全，不利于煤矿的安全高效生产，严重影响采矿工作的正常进行。尤其是采动影响下采场破碎围岩支护控制等问题一直是采矿界的一大难题，长期以来，大变形巷道围岩控制一直是人们所致力解决的一个热点问题[181-186]，其目的是保证巷道的正常使用，为矿井安全生产创造必要条件。

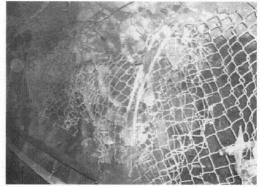

图5-1　采场破碎围岩

对于巷道大变形而言，现有深部巷道大变形发生机理大都为高地应力（大采深引起的高自重应力、断层群引起的构造应力和采掘引起的叠加应力）、煤岩性质弱化和支护方式等综合因素影响下导致的。复杂异常的高应力环境是造成深井巷道大变形的根本原因[187,188]，围岩的胶结程度差、膨胀性强、支护强度低，在剧烈开挖扰动作用下传统锚杆索支护与围岩变形不协调，不能充分发挥围岩自身承载能力，是弱胶结膨胀性软岩巷道破坏的主要原因。深井开采条件下煤岩性质弱化，进入深部后围岩变形具有明显的特点，即围岩表现为持续的强流变特性，在较低围压下表现为脆性的煤岩可在高围压下转化为延性,不仅变形量大,而且具有明显的"时间效应"[189,190]。现有研究将围岩大变形分为埋深较大引起的大变形、开采活动引起的大变形及岩体本身强度较低引起的大变形三类。巷道开挖前,所处的地下岩层处于天然平衡状态,巷道或硐室的开挖破坏了原有的应力平衡状态,引起围岩应力重分布,出现应力状态改变和高应力集中,产生向开挖的巷道或者硐室内的位移或者破裂。在支护结构与围岩的相互作用过程中,形成对支护的荷载作用。开挖巷道或者硐室时,不管最终是平衡还是破坏,其围岩内部的应力都会重新分布,这是不以人的意志为转移的,这一应力重分布行为是巷道围岩自行组织稳定的过程,巷道大变形也与深部岩体受力情况息息相关。因此,深入研究采动应力,充分发挥岩石的自稳能力是实现岩石地下工程稳定最经济可靠的方法。

5.1 采场围岩大变形破坏现象

围岩是否破碎是根据整个岩体的完整性来划分的,破碎围岩是指那些结构面为三组或三组以上,甚至杂乱无章,以风化或节理及风化裂隙为主,在断层附近受构造应力或断层影响大,裂隙张开,有充填物,且整个岩体完整性指数低于0.55的岩体。现阶段,我国开采底板巷道上覆煤层有留设保护煤柱护巷和跨采两种方式。其中留设保护煤柱护巷虽然可以避免底板巷道受剧烈的采动影响,但是在保护煤柱四周均为采空区,致使煤柱下方成为高应力区,在高应力的作用下底板巷道围岩随时间的增长发生明显的流变现象,不利于巷道长期的稳定与维护。而采用跨采方式进行开采,则在跨采过程中在煤壁前方和侧向都会产生应力增高区,随工作面的不断推进,底板巷道稳定性将受到采动影响,导致巷道围岩强度与稳定性降低,乃至破坏。破碎围岩的特点主要是稳定性差,黏结力弱,结构不连续,在巷道开挖时非常容易发生坍塌,特别是有地下水存在的情况下。如果在巷道开挖过程中破坏了原岩应力平衡系统,又没有及时采取有效的支护措施,则可能导致开挖巷道塌方,直接对工作人员的生命及设备造成严重威胁。不但如此,这种情况还会使施工工期变长。此外,若巷道埋深较浅,开挖很难形成承载拱,会导致地表变形下沉,影响地表活动。据统计,我国其中70%~80%的巷道都受到采动影响,表现出底鼓严重、围岩变形量大且难以控制等特点,受采动影响巷道的维护已严重制约了煤矿生产的集约化[191-194]。只有了解破碎围岩的性质特点,找到合理有效的支护方式,才能确保巷道施工及生产活动的正常进行,保障施工作业人员的生命安全[195]。

5.1.1 采场围岩大变形破坏特征及原因

完整巷道围岩介质可近似看作线性弹性体或理想弹塑性体,围岩的变形是小变形，这种小变形岩体工程的关键问题是强度失稳。而破碎围岩变形在实质上主要是以显著非线性、非光滑、不可恢复的塑性变形为主，核心问题是大变形失稳。一般情况下，破碎围岩变形破坏有如下特征[196]：

1) 形式多样。变形破坏方式一般有顶底板下沉、坍塌，片帮和底鼓等，围岩表现出强烈的整体收敛和破坏现象。变形破坏方式既有结构面控制型，又有应力控制型，多数以应力控制型为主。

2) 时间长。巷道在施工后，围岩应力发生重新调整以达到新的应力均衡状态，然后由于破碎围岩没有足够的强度且具有强烈的流变性，导致应力重新调整的时间变长，变形破坏的持续时间也随之延长。

3) 破碎围岩变形量大，变形速度快。巷道顶板下沉量大，多数处于 200～500mm；巷道两帮变形严重，单帮位移量在 200～800mm，同时伴有强烈的底鼓现象。破碎围岩初期收敛速度达到 30mm/d，在使用常规的喷锚支护以后，围岩的收敛速度仍可达到 20mm/d 以上，而且其变形收敛速度降低缓慢。

4) 范围大。在较大原岩应力作用下，破碎围岩由于没有足够的强度来承载，其被破坏的范围较完整围岩更加大，尤其是在支护措施采取不当时，该范围就会更大，最大甚至可达到巷道半径的 2～5 倍。

5) 位置不一。在巷道周边不同部位变形破坏程度不同，这反映了软弱破碎围岩所处的地应力的强度因方向而异，而且岩体具有强烈的各向异性。变形破坏在方向上的差异性往往导致支护结构受力不均，在支护结构中产生巨大的弯矩，这对支护结构稳定是非常不利的。

6) 来压快。破碎围岩变形收敛速度高，在很短时间内，围岩即与支护结构接触，产生压力。围岩与支护结构相互作用后，围岩变形破坏并不立即停止，而是继续下去，这是因为围岩具有流变性，在围岩流变过程中，围岩的强度降低，因此矿压随时间的增长而变大。

在对国内外重点煤矿综合分析的基础上，研究人员归纳出采场破碎围岩大变形破坏的主要原因如下[197-199]：

1) 动压是影响底板巷道变形破坏的重要原因。当巷道处于静压状态时，所受到的垂直主应力 σ_y 为

$$\sigma_y = \gamma H \tag{5-1}$$

式中，γ 为巷道上覆岩层的容重，N/m^3；H 为底板巷道所处位置的埋深，m。

当上覆煤层开采时，采空区上覆岩层的重力将向采空区周围的煤岩体转移，在四周形成支撑压力带，产生应力集中。底板巷道围岩在高采动压力的影响下将发生破坏，无法维持稳定。

2) 支护形式不合理。采用合理的支护技术也是避免破碎围岩变形破坏的一种有效手段。巷道开挖后，周边围岩由三向应力状态变为二向应力状态，围岩向临空面方向移动，变形量不超过围岩的弹性变形范围时可以不支护，否则必须予以支护，支护不及时或支护强度不够都可能使巷道围岩弱结构中的弱结构体首先发生渐近损伤、破坏乃至引起巷道产生底鼓和帮鼓等严重变形失稳现象。

支护体系的失效与围岩稳定状态的恶化主要有以下几点原因[200]：首先，支护体强度不足，提供的支护力有限，而在采动影响下因高采动应力的影响，应力集中程度很高，支护强度不足以抵挡高采动应力。其次，支护与围岩变形刚度不耦合，在低围压作用下，巷道破坏方式多表现为脆性破坏；而在高应力作用下，围岩常表现出较强的蠕变性[201]。钢筋网壳锚喷加拱棚支护下巷道围岩变形空间有限，无法释放足够的变形能，在支护薄弱部位容易发生能量的积聚，导致围岩破坏。第三，没有采用锚索等支护充分调动深部围岩承载能力，原支护方式只能控制巷道浅部围岩变形，不能使深部岩体有效地承担浅部围岩的荷载，达到改善围岩应力状态与承载能力的效果，最终导致围岩由浅部向深部逐渐破坏[202]。第四，因巷道施工维护困难等原因导致无底板控制措施，而巷道支护结构作为一个整体，底板的变形与顶板、两帮的稳定是息息相关的，底板无支护成为整个巷道支护的薄弱环节，最终导致巷道围岩的整体破坏。

3) 围岩自身性质较差。岩体性质决定了岩体的承载能力，主要包括岩体的矿物组成、胶结类型、岩体结构、充填物、构造状态和风化程度等。

岩石的矿物组成是影响其自身物理性质最主要的原因。例如，黏土岩和页岩的抗压强度和抗剪强度较低，当岩体中含有大量黏土类或其他膨胀性矿物时，其在浸水后会出现严重的软化或泥化，其强度变得更低。若此类岩体处于高地应力或其他外荷载情况下，其变形破坏情况会更剧烈。

岩石自身的物理性质不仅受其矿物组成影响，还受其内部颗粒的胶结类型影响。一些黏土岩和大多数沉积岩是通过其内部颗粒与颗粒之间的胶结物联结起来的。该类岩石受到外荷载时，其物理性质与其内部颗粒的胶结物与胶结类型密切相关。岩石的矿物组成和胶结类型是影响其自身物理性质的内在原因，而其构造状态是影响其性质的外在原因。岩体在成岩进程中，由于构造运动或其他外部环境对其形成有很大影响，因此形成了复杂的内部构造。岩体内部形成的各种构造状态都会使岩石的物理力学性质降低，岩石的变形破坏往往也是从裂隙构造处开始发展。

一般来说，矿物硬度越高，岩石的强度也越高。结构面通常会削弱岩石的强度和自稳能力，若结构面充填有泥质等软弱成分、伴随有岩石风化现象，则岩体强度更低。

4)地应力。原岩应力是导致破碎围岩变形破坏的最根本原因。施工开挖使原有的围岩应力均衡状态被打破，应力进行了重新调整，使施工巷道围岩出现了某些地方应力集中的现象。原岩应力可以分为自重应力和水平构造应力两部分。自重应力的大小只与上覆岩层和巷道埋深有关。埋深越大，上覆岩层的质量就越大，作用在其支护结构上的重力也就随之变大。一般情况下，水平构造应力与地质构造运动的活跃程度和复杂程度有很大关系。在地质构造运动过程中，岩体在外力作用下，无论是水平还是竖直方向上都会发生一定程度的变形，形成分布不同、形态迥异的地质构造。若其支护结构没有足够的力承受其自重应力及水平构造应力，则支护结构就会发生失稳破坏，围岩也随之产生变形并发生破坏。地应力是围岩破坏的必要条件，在一定程度上决定了岩体的力学性质，如岩体在三向应力状态时强度和弹性极限显著高于二向应力状态。地应力还能使岩体在脆性和塑性之间进行转化，如浅部开采时表现为硬岩的岩体在深部开采时也可能在高应力作用下表现出软岩的大变形、塑性流动等特点。

5)其他因素影响。地下水主要分为动水和静水，动水存在动水水压，静水存在静水水压。动水水压对岩石物理性质的影响主要表现在水流产生的动能使岩体产生位移，并不断冲刷岩体间的胶结物，造成岩体破碎，失稳；静水水压的影响表现在静水压力使有裂隙的岩块间摩擦力减小，导致围岩滑落、坍塌。此外，地下水中的化学成分也会对岩体造成侵蚀、软化及溶解，导致岩体变形破坏。尤其是在泥质围岩中，地下水不仅使围岩泥化，还会使其体积膨胀，成为变形破坏易发点。

巷道位置和断面形状决定了巷道围岩的应力状态，巷道走向平行最大主应力方向时巷道稳定性最好，巷道各段曲线过渡得越光滑巷道的受力状态越好，越有利于巷道稳定。

影响破碎围岩变形破坏的外部因素还包括巷道施工技术、巷道类型与大小及所采用的支护技术等。巷道的施工技术多种多样，对围岩的变形破坏程度影响也不相同。常见的巷道形状有椭圆形、圆形和圆弧拱形等，大多数巷道之所以选择以上形状，是因为此类形状的断面较矩形或梯形断面更能很好地分散原岩应力，避免应力集中在某一点或某一面而引起巷道失稳破坏。巷道的尺寸也不是越大越好，而应根据不同工程实际相应地选择合理的工程尺寸。

影响破碎围岩变形破坏的因素有很多，影响或大或小但均不容忽视。在施工时要根据实际情况，使各因素相互制约以达到巷道稳定的目的。

5.1.2　采场围岩大变形力学特征

围岩的稳定性取决于围岩的破碎程度，其破碎程度体现了围岩受构造运动的影响大小，巷道的稳定性又与围岩的稳定性息息相关。因此，围岩的破碎程度对巷道的稳定起着主导作用，其破碎程度越高，巷道开挖后围岩越容易失稳，稳定性越差，后期的支护也越困难。了解破碎围岩的破坏机理，可以从中找到支护该类巷道的方法。

20世纪初，由Felmer最早提出围岩变形的弹塑性分析方法，之后Kastnerls在Felmer研究的基础上进行了修正[203]，该理论在一定时期内对巷道支护发挥了重要作用。但二者不足之处是假定巷道围岩遭受破坏之后围岩强度继续维持原有强度值，致使围岩塑性区理论计算值偏小，按此理论设计的巷道支护很难支撑实际围岩荷载，导致支护结构破坏。随着对软岩巷道的不断研究，有学者提出将围岩假定为理想的脆塑性体，最为代表性的是Alery应变软化理论计算公式，其提出当岩体破坏之后，强度值将会突降至某一残余值。这一理论所计算出的围岩塑性区偏大，导致以此设计的支护刚度过大，造成一定的浪费。后经大量试验得知围岩破坏强度值是逐渐降低到某一值，具有明显的流变性和蠕变特征。

软岩破坏属于固体力学研究的范畴，相关理论的发展也为软岩巷道破坏机制分析提供了全新的诠释方法，其中较为突出的就是损伤力学理论。由于固体力学主要研究连续介质的力学性质，很多学者从不同角度建立了相关连续介质模型和理论，极大地丰富了损伤力学在软岩巷道破坏机理分析的理论支撑。

自19世纪以来，围岩压力理论有了较大的发展，从古典压力理论、散体压力理论，发展到当前广泛使用的弹性力学理论和塑性力学理论。依据弹性力学理论，当半平面体在边界上受铅直分布时，具体如图5-2所示，可将分布力在AB段距坐标原点O为ξ处取微小长度$\mathrm{d}\xi$，将所受力$\mathrm{d}F = q\mathrm{d}\xi$看作微小集中力，通过叠加集中应力作用的应力公式得出下方任意一点M的应力式，即式(5-2)。

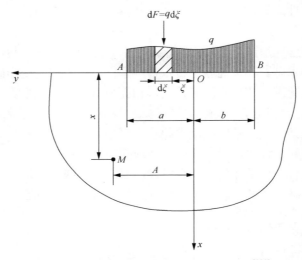

图5-2　铅直应力对无限平面内M点影响[200]

$$
\begin{cases}
\sigma_y = -\dfrac{2}{\pi}\displaystyle\int_{-b}^{a} \dfrac{qx^3\mathrm{d}\xi}{\left[x^2+\left(y-\xi\right)^2\right]^2} \\[4mm]
\sigma_x = -\dfrac{2}{\pi}\displaystyle\int_{-b}^{a} \dfrac{qx\left(y-\xi\right)^2\mathrm{d}\xi}{\left[x^2+\left(y-\xi\right)^2\right]^2} \\[4mm]
\tau_{xy} = -\dfrac{2}{\pi}\displaystyle\int_{-b}^{a} \dfrac{qx^2\left(y-\xi\right)\mathrm{d}\xi}{\left[x^2+\left(y-\xi\right)^2\right]^2}
\end{cases}
\tag{5-2}
$$

苏联学者 M.M.普罗托奇雅克诺夫通过研究地下硐室上方岩体应力分布情况，认为围岩应力重新分布后，在硐室上方形成曲线状的压力拱，由此提出了普氏理论[204-206]，其计算公式为

$$
q = \dfrac{\dfrac{B}{2} + h\tan\left(45° - \dfrac{\varphi}{2}\right)}{f}\gamma
\tag{5-3}
$$

式中，q 为垂直均布应力；γ 为围岩重度；B 为隧道宽度；h 为隧洞高度；f 为坚硬系数；φ 为围岩内摩擦角。

通过多年实践验证，基于压力拱的普氏理论能够较好地运用于地质松散且破碎的深埋隧道中。

岩石是天然形成的脆性材料，由于长期受地质运动和复杂地质环境的影响，岩石内部含有丰富的裂隙、孔洞和缺陷，形成非均质、非连续、各向异性和强离散耗散性等结构特征。随着对岩石材料细观属性的不断认识，人们逐渐发现经典的连续介质方法建立起来的岩石强度理论无法解释岩石强度的随机性和离散性现象。岩石是由大量的离散颗粒通过胶结形成的复杂颗粒体系，事实上岩石的破坏过程就是颗粒之间的黏结破坏过程。在外力作用下，岩石内部颗粒之间的胶结物主要受拉力、剪力、压力及多种力的复合作用，在外力作用下黏结键(胶结位置)发生破坏形成微裂纹，裂纹的聚集贯通汇合形成宏观破坏面，事实上岩石的破坏就是内部黏结破坏积聚的宏观表现。

现有研究表明，巷道围岩大变形的形成机制一般有三种类型：一是深部开采和深部地下工程，由于工程所处的埋深大，导致岩体自重应力场较大；二是由于地下采掘活动引起的，导致产生应力场叠加效应；三是岩体本身强度较低，在较低应力水平条件下即发生明显变形，属于膨胀性软岩大变形。对于深部巷道，其应力环境与浅部巷道相比存在着较大的差异，深部巷道围岩在高应力的作用下具

有变形剧烈而难以控制的特点；受采动影响的回采巷道，由于在开挖时其周围应力场已造成一次扰动，在工作面回采时加上采动应力的叠合作用，巷道极易发生大变形。

　　康红普[109]以淮南某矿深部沿空留巷为背景，运用数值模拟分析巷道围岩变形情况，研究得出由于深部地应力大，沿空留巷受采动影响更为强烈，煤体塑性区不断扩大，煤帮扩容、鼓出，顶板下沉与回转不断增大，底鼓严重，如图 5-3 所示；方新秋等[207,208]针对薛湖煤矿研究深井破碎围岩巷道的变形特征，并得出巷道两帮移近量大，变形速率大，巷道底鼓严重，且滞后开挖半个月，经多次复修仍难以自稳，如图 5-4 所示。

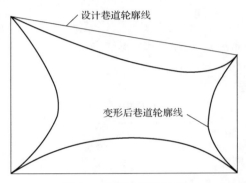

图 5-3　巷道大变形特征

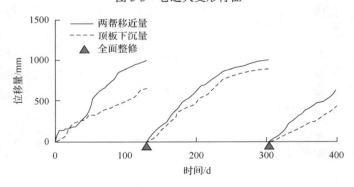

图 5-4　深部矿井巷道围岩变化曲线

　　大变形巷道围岩变形破坏实质上是由于围岩塑性区的形成和发展引起的，塑性区不同的几何形态和范围决定了围岩的破坏模式和程度。赵志强等[209,210]根据弹塑性力学理论推导出了非均匀应力场条件下圆形巷道围岩塑性区的边界方程，从理论上发现了蝶形等不规则塑性区的分布形态，同时揭示了巷道围岩塑性区形成的力学机制。为了能够直接用弹性力学方法进行分析，将回采巷道的力学模型进行如下简化：首先，因为巷道埋深一般远远大于巷道半径，所以可将应力场看作均匀载荷；又由于巷道长度一般较大，因此可以作为平面应变问题来处理。其次，先不考虑围岩强度和岩体的非均匀性和非连续性，而把它看成各向同性的均匀介质。受双向不等压应力场影响的圆形巷道受力模型如图 5-5 所示。

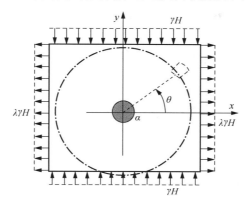

图 5-5　受双向不等压应力场影响的圆形巷道受力模型

在双向不等压应力场条件下，根据弹塑性力学理论，获得非均匀应力场条件下圆形巷道围岩塑性区的边界方程，即

$$f\left(\frac{R_0}{r}\right) = K_1\left(\frac{R_0}{r}\right)^8 + K_2\left(\frac{R_0}{r}\right)^6 + K_3\left(\frac{R_0}{r}\right)^4 + K_4\left(\frac{R_0}{r}\right)^2 + K_5 = 0$$

式中，R_0 为圆形巷道半径；r 为对应 θ 角度处的塑性区深度；$K_1 = 9(1-\lambda)^2$；$K_2 = -12(1-\lambda)^2 - 6(1-\lambda^2)\cos 2\theta$；$K_3 = 2(1-\lambda)^2\left[\cos^2 2\theta\left(5 + 2\sin^2\varphi\right) - \sin^2 2\theta\right]$ $+(1+\lambda)^2 + 4(1-\lambda^2)\cos 2\theta$；$K_4 = -4(1-\lambda)^2\cos 4\theta - 2(1-\lambda^2)\cos 2\theta\left(1 + 2\sin^2\varphi\right) +$ $\dfrac{4}{\gamma H}(1-\lambda)\cos 2\theta\sin 2\varphi C$；$K_5 = (1-\lambda)^2 - \sin^2\varphi\left(1 + \lambda + \dfrac{2C}{\gamma H}\dfrac{\cos\varphi}{\sin\varphi}\right)^2$。

在巷道埋深 H、巷道围岩容重 γ、侧压系数 λ、围岩内聚力 C 和内摩擦角 φ 都给定的情况下，即可计算出巷道的围岩塑性边界：

巷道双向载荷的比值(侧压系数)对巷道围岩塑性区的几何尺寸和分布形状都有明显的影响，巷道不同方位围岩塑性区对于侧压系数变化的响应敏感程度不同，造成在双向载荷最大比值增加的过程中，巷道围岩塑性区出现了不规则的蝶形塑性区。蝶形塑性区的非均匀系数较大，不利于巷道围岩的稳定性。双向载荷的最大比值越大，巷道围岩越容易出现不规则的蝶形塑性区，巷道围岩塑性区的最大深度就越大。

载荷的大小对巷道围岩塑性区的几何尺寸具有重要的影响，双向载荷条件下，较大的载荷方向围岩塑性区范围较小，而载荷较小的方向产生的塑性区范围较大。在侧压系数恒定的情况下，载荷的大小对于围岩塑性区尺寸增加较大，而对于塑性区形状的影响较小，基本不改变围岩塑性区的形状。

巷道的断面形状对塑性区形状的影响与载荷大小有关，当载荷较小时，断面形状的影响较大；当载荷增加到一定程度后，断面形状对塑性区形状的影响逐渐减弱。

巷道围岩载荷方向发生变化时，会使巷道围岩塑性区发生旋转，致使巷道围岩产生不对称破坏，顶板破坏深度一侧明显大于另一侧。当巷道双向载荷比值较大时，载荷方向变化会使蝶形塑性区的翼角部分出现在巷道顶板上方，容易产生冒落拱，对巷道的维护极为不利。

巷道围岩的岩性及组合对围岩塑性区的几何尺寸和分布形态也有明显的影响，围岩塑性区范围随着围岩体强度的提高而缩小，层状组合岩体围岩巷道在双向载荷比值较大时同样能够产生蝶形等不规则塑性区，在岩层间的接触面上会产生塑性区边界的突变。

在不同的采动影响阶段，回采巷道围岩塑性区形成和发展表现出不同的分布形态和演化规律：在巷道掘进阶段，巷道周边附近围岩应力重新分布，部分围岩应力升高，超过围岩的强度极限后发生塑性变形破坏，塑性区范围较小，塑性区边界对称，最大破坏深度发生在巷道顶底板和两帮的中央位置。受剧烈采动影响后，巷道顶底及两帮围岩的塑性区边界发生不对称扩展，塑性区破坏范围不断扩大，回采巷道围岩塑性区主要是采煤工作面采动影响产生的；由于采动叠加应力场的影响，采动应力迅速增大，塑性区形态也发生变化，形成了有一定旋转角的不规则的蝶形塑性区，如图5-6所示。

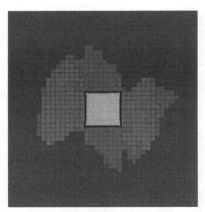

图 5-6　不规则的蝶形塑性区

通常来说，巷道围岩的破碎程度可以直接反映出围岩稳定程度。在围岩较破碎的区域施工时，破碎围岩的力学特性有如下几点：

1) 破碎围岩整体强度不高，巷道掘进时因其无法靠自身能力维持巷道的稳定，故比完整围岩更易发生失稳破坏。

2) 破碎围岩节理裂隙较完整围岩更发育且其分布也呈现无明显规律，其结构面呈现出互相交叉，并无显著的导向性。因此，一定程度上可将其当作在各个方向性质都一样的连续体。

3) 在将破碎岩体近似看作连续体的情况下，岩体总体上将会表现为一定的弹塑性特征。这种弹塑性特征可以理解为岩体中的应力引起岩体破坏而产生滑移后，随着变形的发展保持一定的强度，并具有应变强化特性。在理论分析时，应采用连续介质的弹塑性理论作为分析依据。

何满潮等通过对深部巷道所处的应力环境入手，分析了深部矿山大变形力学机制及特征，认为深部矿山的一个显著特点是应力水平高，应力机制复杂。首先，巷道埋深比较大，具有重力作用机制。巷道各岩组浅表层围岩在揭露后，明显进入深部高应力状态和应变软化状态。

根据区域构造体系及地应力现场实测结果，主要巷道的方位和地应力方位夹角偏大，构造应力对深部巷道的影响显著，所以深部巷道的变形具有构造应力作用的机制。

深部开采受采动影响强烈，由于深部开采的特点和采掘顺序的安排，深部巷道工程在施工期和维护期间受周围工作面的开采影响，四邻开采对深部巷道的扰动频度大，响应强烈，巷道具有工程偏应力的作用机制。

裂隙发育、岩体结构破碎度大是深部软岩巷道的另一个特点。从前述的矿区成岩作用分析及含煤建造分析，泥岩性软易碎，砂质泥岩和砂岩岩石强度中等，但富含炭质和泥质条纹，层理节理发育，岩体结构多滑面和软弱夹层。从钻孔取芯的统计分析来看，泥岩组和砂质泥岩的取芯率和 RQD 指标偏低，所以深部岩体特别是泥岩组、砂岩组受结构面的影响，整体强度偏低，深部软岩具有节理化软岩的特性。

泥岩同时还具有强烈的遇水软化特性和一定的吸水膨胀特性。泥岩中，黏土矿物含量较高，水对岩石颗粒以润滑、水楔、溶蚀及潜蚀等作用对岩体进行软化，引起岩体遇水后强度急剧降低。

5.2　基于应力梯度理论的岩体劣化模型研究

地下工程开挖过程中产生结构体自由面，导致开挖边界附近的应力重新分布，使围岩形成一种新的多轴向应力状态。大量研究[211-215]证实了围压对岩石力学行为的显著影响，特别是在强度和断裂特性方面，围压在某一方向上变化的快慢程度直接决定着围岩的破坏方式。在高地应力条件下，径向应力受垂向应力的影响在围岩中表现出明显的梯度变化，进而影响围岩稳定性。开挖以后，岩体因所处应力环境不同发生劣化失稳现象[216-221]。围岩失稳或者岩体损伤多出现在具有显著应力梯度的应力集中区域。因此，应力梯度是岩体稳定性分析中着重考虑的主要因素之一。

5.2.1　基于应力梯度理论的岩体劣化参数

岩体中天然裂隙的存在使得岩体无法满足经典连续介质力学连续性假设[222,223]，将岩石视为理想弹塑性材料，在线弹性范围内假定 ε_{ij} 和 σ_{ij} 符合广义胡克定律：

$$\begin{cases} \varepsilon_{i(j,k)} = \dfrac{1}{E}\left[\sigma_{i(j,k)} - \mu\left(\sigma_{j(k,i)} + \sigma_{k(i,j)} \right) \right] \\ \gamma_{jk(ki,ij)} = \dfrac{\tau_{jk(ki,ij)}}{G} \end{cases} \tag{5-4}$$

式中，$\sigma_{i(j,k)}$、$\sigma_{j(k,i)}$、$\sigma_{k(i,j)}$ 为应力分量；$\varepsilon_{i(j,k)}$ 为应变分量；$\gamma_{jk(ki,ij)}$ 为剪应力分量；G 为拉梅常量；E 为弹性模量。

计算过程中考虑静力过程，平衡方程如下：

$$\sigma_{ij,i} - \tau_{ijk,ij} + f_i = 0 \tag{5-5}$$

式中，f_i 为体力，即物理内部微元体所受外力；$\sigma_{ij,i}$ 为材料所受正应力；$\tau_{ijk,ij}$ 为材料所受剪应力。

用岩体相当小而非无穷小体积上的应力变化统计平均值表示应力分量并计算应力梯度 $T(x,y)$：

$$T(x,y) = |\nabla f| = \sqrt{\left(\frac{\partial f}{\partial x} \right)^2 + \left(\frac{\partial f}{\partial y} \right)^2} \tag{5-6}$$

应力梯度诱发巷道围岩产生离层、滑动及拉伸、剪切裂纹等不连续、渐变型扩容变形[224]。为保持围岩完整性和自承能力，降低由应力梯度导致的岩体扩容劣化与损伤，通常采用锚杆与喷浆混凝土协同支护方式加固围岩。因此，提出用应力梯度补偿系数评价劣化岩体支护后效果。根据应力梯度的分布规律，应力梯度补偿系数 η 可表示为

$$\eta = \frac{\left(\sigma_{ij} / P_0 \right)\mathrm{d}x - \left(\sigma_0 / P_0 \right)\mathrm{d}x}{\left(\sigma_{ij} / P_0 \right)\mathrm{d}x} (0 < \eta < 1) \tag{5-7}$$

式中，σ_{ij} 为不同预紧力支护条件下的水平应力；σ_0 为初始开挖条件下的岩体水

平应力；P_0 为原岩应力。

把岩石假定为由无数微元组成的各向同性结合体，使用锚杆锚固后的微元体间距和体积相比初始开挖采动状态下更小，微元体间相互作用力的增加导致应力梯度爬升(图 5-7)。基于实际岩体中力学参数的差异性及岩石材料属性的离散性，提出应力梯度有效补偿系数 $\tilde{\eta}$，$\tilde{\eta}$ 和 η 的数值关系如下：

$$\tilde{\eta} = \frac{T_{(实)}}{T_{(理)}}\eta \tag{5-8}$$

式中，$T_{(实)}$ 为岩体应力梯度的实际值；$T_{(理)}$ 为岩体应力梯度的理论值。

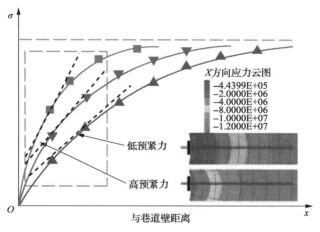

图 5-7　应力梯度补偿

同时，巷道围岩应力重分布的过程中，围岩的稳定性明显降低，用应力梯度损伤变量表征岩体的稳定程度，稳定系数 Y 表示为

$$Y = 1 - \frac{\left(\sigma_{ij}/P_0\right)\mathrm{d}x - T(x)}{\left(\sigma_{ij}/P_0\right)\mathrm{d}x} \tag{5-9}$$

式中，$T(x)$ 为应力梯度。

5.2.2　基于应力梯度理论的岩体劣化模型的求解

1. 基于 M-C 准则理想弹塑性应力梯度解的计算

为简化研究，假定深埋圆形平巷无限长，原岩应力各向等压，岩体为理想弹塑性材料，巷道埋深 $\geqslant 20\,R_0$ [225-227]。塑性区的本构关系采用增量型本构关系，即

Levy-Mises 关系[228]确定。轴对称圆巷的力学模型及本构关系如图 5-8 所示。

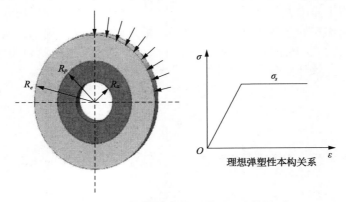

图 5-8　轴对称圆巷的力学模型及本构关系

其弹性解，根据前人的研究成果[229-231]有

$$\sigma_r = P_0 \left(1 - \frac{R_0^2}{r^2} \right) \tag{5-10}$$

$$\sigma_\theta = P_0 \left(1 + \frac{R_0^2}{r^2} \right) \tag{5-11}$$

式中，σ_r、σ_θ 分别为围岩弹性区的径向应力和切向应力；R_0 为圆巷的半径；r 为围岩任意一点的半径；P_0 为原岩应力。

根据广义胡克定律 $\varepsilon_Z = \dfrac{1}{E} \left[\sigma_Z - v(\sigma_r + \sigma_\theta) \right]$，在巷道开挖之后的原岩应力区有

$$P_0 = v(P_0 + P_0) + E\varepsilon_Z \tag{5-12(a)}$$

式中，E 为弹性模量；v 为泊松比。

在巷道开挖后的弹性应力区，对于无限长巷道可简化为平面应变问题，有

$$\sigma_Z = v(\sigma_r + \sigma_\theta) + E\varepsilon_Z \tag{5-12(b)}$$

式[5-12(b)]减式[5-12(a)]并整理，可得

$$\sigma_Z = v(\sigma_r + \sigma_\theta - 2P_0) + P_0 \tag{5-12(c)}$$

把式(5-10)和式(5-11)代入式[5-12(c)]得

$$\sigma_Z = P_0 \tag{5-13}$$

式中，σ_z、ε_z 分别为围岩弹性区沿巷道轴向方向的应力和应变。

对于围岩开始屈服时的原岩应力，根据 M-C 屈服条件，有

$$\tau = c + \sigma_n \tan\varphi \tag{5-14}$$

式中，τ、σ_n 分别为破坏面上的剪应力和正应力；c、φ 分别为内聚力和摩擦角。

将其与莫尔圆结合转化为下式：

$$\frac{\sigma_1 - \sigma_3}{2} = c\cos\varphi + \frac{\sigma_1 + \sigma_3}{2}\sin\varphi \tag{5-15}$$

式中，σ_1 和 σ_3 分别为加载过程中 $\dfrac{\sigma_1 - \sigma_3}{2}$ 达到峰值时对应的最大压应力和最小压应力。

引入剪切应力 $\tau_{13} = \dfrac{\sigma_1 - \sigma_3}{2}$，$\eta_{13} = \dfrac{\sigma_1 + \sigma_3}{2}$：

$$\sigma_\theta = \frac{2c\cos\varphi}{1 - \sin\varphi} + \sigma_r \frac{1 + \sin\varphi}{1 - \sin\varphi} = \sigma_C + \sigma_r \varepsilon \tag{5-16}$$

继续进行其弹塑性解的推导。在弹性区，积分常数待定的弹性区应力解为

$$\begin{cases} \sigma_r = A - \dfrac{B}{r^2} \\[2mm] \sigma_\theta = A + \dfrac{B}{r^2} \end{cases} \tag{5-17}$$

在塑性区，当达到 M-C 屈服条件即原岩应力 $P_0 > P_0^{M-C}$ 时，巷道围岩屈服范围，即弹塑性界面半径不断增大。根据 Levy-Mises 本构关系有

$$\frac{2\sigma_Z - \sigma_r - \sigma_\theta}{2\sigma_r - \sigma_\theta - \sigma_Z} = \frac{\mathrm{d}\varepsilon_z}{\mathrm{d}\varepsilon_r} \tag{5-18}$$

得

$$\sigma_Z = \frac{\sigma_r + \sigma_\theta}{2} \tag{5-19}$$

将式(5-19)代入式(5-14)得

$$\sigma_r - \sigma_\theta = (1 - \varepsilon)\sigma_r - \sigma_C \tag{5-20}$$

将式(5-20)代入平衡方程得

$$\frac{\mathrm{d}\sigma_r}{\mathrm{d}r} + \frac{\sigma_r - \sigma_\theta}{r} = 0 \tag{5-21}$$

求解得

$$\frac{\mathrm{d}\sigma_r}{(\varepsilon-1)\sigma_r + \sigma_C} = \frac{\mathrm{d}r}{r} \tag{5-22}$$

式(5-22)积分得

$$\sigma_r = C_1 r^{\varepsilon-1} - \frac{\sigma_C}{\varepsilon-1} \tag{5-23}$$

边界条件如下。

弹性区外边界条件:

$$r \to \infty; \sigma_r = \sigma_\theta = P_0 \tag{5-24}$$

内边界(弹塑性交界面)条件:

$$\begin{cases} \left.\begin{array}{r}\sigma_r \\ \sigma_\theta\end{array}\right\} = A \mp \dfrac{B}{R_P^2} \\[2ex] \sigma_Z = \dfrac{\sigma_r + \sigma_\theta}{2} = A \end{cases} \tag{5-25}$$

塑性区外边界(弹塑性交界面)条件:

$$\sigma_r^P = \sigma_r^e \tag{5-26}$$

$$\sigma_\theta^P = \sigma_\theta^e \tag{5-27}$$

内边界条件:

$$\sigma_r = 0$$

所以

$$C_1 = \frac{\sigma_C}{\varepsilon-1} R_0^{1-\varepsilon} \tag{5-28}$$

式(5-19)、式(5-20)、式(5-23)、式(5-28)联合求解得塑性区应力为

$$\sigma_r^P = \frac{\sigma_C}{\varepsilon-1}\left[\left(\frac{r}{R_0}\right)^{\varepsilon-1} - 1\right] \tag{5-29}$$

$$\sigma_\theta^P = \frac{\sigma_C \varepsilon}{\varepsilon - 1}\left[\left(\frac{r}{R_0}\right)^{\varepsilon - 1} - 1\right] + \sigma_C \tag{5-30}$$

$$\sigma_Z^P = \frac{\sigma_C(\varepsilon + 1)}{2(\varepsilon - 1)}\left[\left(\frac{r}{R_0}\right)^{\varepsilon - 1} - 1\right] + \frac{\sigma_C}{2} \tag{5-31}$$

由式 (5-17) 和式 (5-24) 得

$$\sigma_r = P_0 - \frac{B}{r^2} \tag{5-32}$$

$$\sigma_\theta = P_0 + \frac{B}{r^2} \tag{5-33}$$

式 (5-29)、式 (5-32)、式 (5-26) 联合求解得

$$\frac{\sigma_C}{\varepsilon - 1}\left[\left(\frac{r}{R_0}\right)^{\varepsilon - 1} - 1\right] = P_0 - \frac{B}{P_P^2} \tag{5-34}$$

$$B = P_P^2\left\{P_0 - \frac{\sigma_C}{\varepsilon - 1}\left[\left(\frac{r}{R_0}\right)^{\varepsilon - 1} - 1\right]\right\} \tag{5-35}$$

式 (5-19)、式 (5-32)、式 (5-33)、式 (5-35) 联合求解得

$$\sigma_r^e = P_0 - \left\{P_0 - \frac{\sigma_C}{\varepsilon - 1}\left[\left(\frac{R_P}{R_0}\right)^{\varepsilon - 1} - 1\right]\right\} \tag{5-36}$$

$$\sigma_\theta^e = P_0 + \left\{P_0 - \frac{\sigma_C}{\varepsilon - 1}\left[\left(\frac{R_P}{R_0}\right)^{\varepsilon - 1} - 1\right]\right\} \tag{5-37}$$

$$\sigma_\theta^e = P_0 \tag{5-38}$$

由式 (5-27)、式 (5-30)、式 (5-37) 得弹塑性交界面处应力平衡关系：

$$\frac{\sigma_C \varepsilon}{\varepsilon - 1}\left[\left(\frac{r}{R_0}\right)^{\varepsilon - 1} - 1\right] + \sigma_C = 2P_0 - \frac{\sigma_C}{\varepsilon - 1}\left[\left(\frac{R_P}{R_0}\right)^{\varepsilon - 1} - 1\right] \tag{5-39}$$

求解式 (5-29) 得塑性区半径为

$$R_P = R_0 \left[\frac{(2P_0 - \sigma_C)(\varepsilon - 1)}{\sigma_C(\varepsilon + 1)} + 1 \right]^{\frac{1}{\varepsilon - 1}} \tag{5-40}$$

令 $\beta = \left[\dfrac{(2P_0 - \sigma_C)(\varepsilon - 1)}{\sigma_C(\varepsilon + 1)} + 1 \right]^{\frac{1}{\varepsilon - 1}}$，式 (5-40) 可以简化为 $R_P = R_0\beta$。

式 (5-32)、式 (5-33)、式 (5-35)、式 (5-40) 联合求解得弹性区应力为

$$\begin{cases} \left. \begin{array}{r} \sigma_r^e \\ \sigma_\theta^e \end{array} \right\} = P_0 \mp \dfrac{R_0^2}{r^2} \beta^2 \left[P_0 - \dfrac{\sigma_C}{\varepsilon - 1}\left(\beta^{\varepsilon - 1} - 1 \right) \right] \\ \sigma_Z^e = P_0 \end{cases} \tag{5-41}$$

令 $N = R_0^2 \beta^2 \left[P_0 - \dfrac{\sigma_C}{\varepsilon - 1}\left(\beta^{\varepsilon - 1} - 1 \right) \right]$，则式 (5-41) 可以简化为

$$\begin{cases} \left. \begin{array}{r} \sigma_r^e \\ \sigma_\theta^e \end{array} \right\} = P_0 \mp N\dfrac{1}{r^2} \\ \sigma_Z^e = P_0 \end{cases} \tag{5-42}$$

把极坐标转换成直角坐标为

$$\sigma_r^e = P_0 - N\frac{1}{x^2 + y^2}$$

$$\sigma_\theta^e = P_0 + N\frac{1}{x^2 + y^2}$$

$$\sigma_x = \sigma_r \frac{x^2}{x^2 + y^2} + \sigma_\theta \frac{y^2}{x^2 + y^2} = P_0 - N\frac{x^2 - y^2}{\left(x^2 + y^2\right)^2} \tag{5-43}$$

$$\sigma_y = \sigma_r \frac{y^2}{x^2 + y^2} + \sigma_\theta \frac{x^2}{x^2 + y^2} = P_0 + N\frac{x^2 - y^2}{\left(x^2 + y^2\right)^2}$$

$$\tau_{xy} = -2N\frac{xy}{\left(x^2 + y^2\right)^2}$$

有

$$\begin{cases} \dfrac{\sigma_1 - \sigma_3}{2} = c\cos\varphi + \dfrac{\sigma_1 + \sigma_3}{2}\sin\varphi \\[3mm] \left.\begin{array}{c}\sigma_1 \\ \sigma_3\end{array}\right\} = \dfrac{\sigma_x + \sigma_y}{2} \pm \sqrt{\left(\dfrac{\sigma_x - \sigma_y}{2}\right)^2 + \tau_{xy}^2} \end{cases} \tag{5-44}$$

根据式 (5-14)，设

$$f(x,y,z) = \tau - c + \sigma_n \tan\varphi \tag{5-45}$$

可得出基于 M-C 准则的另一种表达式:

$$f(x,y,z) = \tau - c + \sigma_n \tan\varphi = 0$$

将式 (5-44) 代入式 (5-45) 得

$$f(x,y,z) = 2\sqrt{\left(\dfrac{\sigma_x - \sigma_y}{2}\right)^2 + \tau_{xy}^2} - \dfrac{\sigma_x + \sigma_y}{2}\sin\varphi - c\cos\varphi = 0 \tag{5-46}$$

对式 (5-46) 求其梯度场，得

$$\nabla f = \left(\dfrac{\partial f}{\partial x}\vec{i} + \dfrac{\partial f}{\partial y}\vec{j} + \dfrac{\partial f}{\partial z}\vec{k}\right) \tag{5-47}$$

式 (5-47) 是基于 M-C 准则的应力场梯度。巷道内围岩应力场视为平面应变问题，所以式 (5-47) 可简化为

$$\nabla f = \left(\dfrac{\partial f}{\partial x}\vec{i} + \dfrac{\partial f}{\partial y}\vec{j}\right) \tag{5-48}$$

平面应变条件下，基于 M-C 准则的应力场梯度值为

$$\nabla f = \left(\dfrac{\partial f}{\partial x}\vec{i} + \dfrac{\partial f}{\partial y}\vec{j} + \dfrac{\partial f}{\partial z}\vec{k}\right)$$
$$T(x,y) = |\nabla f| = \sqrt{\left(\dfrac{\partial f}{\partial x}\right)^2 + \left(\dfrac{\partial f}{\partial y}\right)^2} \tag{5-49}$$

弹性区应力梯度解为

$$\dfrac{\partial \sigma_x}{\partial x} = N \dfrac{2x\left(x^2 - 3y^2\right)}{\left(x^2 + y^2\right)^3}$$

$$\frac{\partial \sigma_y}{\partial x} = -N \frac{2x\left(x^2 - 3y^2\right)}{\left(x^2 + y^2\right)^3}$$

$$\frac{\partial \sigma_x}{\partial y} = N \frac{2y\left(3x^2 - y^2\right)}{\left(x^2 + y^2\right)^3}$$

$$\frac{\partial \sigma_y}{\partial y} = -N \frac{2y\left(3x^2 - y^2\right)}{\left(x^2 + y^2\right)^3}$$

$$\frac{\partial \tau_{xy}}{\partial x} = -2N \frac{y\left(y^2 - 3x^2\right)}{\left(x^2 + y^2\right)^3}$$

$$\frac{\partial \tau_{xy}}{\partial y} = -2N \frac{x\left(x^2 - 3y^2\right)}{\left(x^2 + y^2\right)^3}$$

塑性区应力梯度解为

$$\frac{\partial \sigma_x}{\partial x} = \frac{\partial \sigma_r}{\partial x} \frac{x^2}{x^2 + y^2} + \sigma_r \frac{2x\left(x^2 + y^2\right) - 2x^3}{\left(x^2 + y^2\right)^3} - \frac{2xy^2 \sigma_\theta}{\left(x^2 + y^2\right)^2} + \frac{\partial \sigma_\theta}{\partial x} \frac{y^2}{x^2 + y^2}$$

$$\frac{\partial \sigma_y}{\partial x} = \frac{\partial \sigma_r}{\partial x} \frac{y^2}{x^2 + y^2} - \sigma_r \frac{2xy^2}{\left(x^2 + y^2\right)^2} + \sigma_\theta \frac{2x\left(x^2 + y^2\right) - 2x^3}{\left(x^2 + y^2\right)^2} + \frac{\partial \sigma_\theta}{\partial x} \frac{x^2}{x^2 + y^2}$$

$$\frac{\partial \sigma_x}{\partial y} = \sigma_r \frac{-x^2 2y}{\left(x^2 + y^2\right)^2} + \frac{\partial \sigma_r}{\partial y} \frac{x^2}{x^2 + y^2} + \sigma_\theta \frac{2y\left(x^2 + y^2\right) - 2y^3}{\left(x^2 + y^2\right)^2} + \frac{\partial \sigma_\theta}{\partial y} \frac{y^2}{x^2 + y^2}$$

$$\frac{\partial \sigma_y}{\partial y} = \sigma_r \frac{2y\left(x^2 + y^2\right) - 2y^3}{\left(x^2 + y^2\right)^2} + \frac{\partial \sigma_r}{\partial y} \frac{y^2}{x^2 + y^2} + \sigma_\theta \frac{-x^2 2y}{\left(x^2 + y^2\right)^2} + \frac{\partial \sigma_\theta}{\partial y} \frac{x^2}{x^2 + y^2}$$

$$\frac{\partial \tau_{xy}}{\partial x} = \left(\frac{\partial \sigma_r}{\partial x} - \frac{\partial \sigma_\theta}{\partial x}\right) \frac{xy}{x^2 + y^2} + \left(\sigma_r - \sigma_\theta\right) \frac{y\left(x^2 + y^2\right) - xy 2x}{\left(x^2 + y^2\right)^2}$$

$$\frac{\partial \tau_{xy}}{\partial y} = \left(\frac{\partial \sigma_r}{\partial y} - \frac{\partial \sigma_\theta}{\partial y}\right) \frac{xy}{x^2 + y^2} + \left(\sigma_r - \sigma_\theta\right) \frac{x\left(x^2 + y^2\right) - xy 2y}{\left(x^2 + y^2\right)^2}$$

$$\frac{\partial \sigma_r^P}{\partial x} = \frac{xc \cos \varphi (1 - \sin \varphi)}{2 \sin \varphi^2} \left(\frac{x^2 + y^2}{R_0^2} \right)^{\frac{1 - 5 \sin \varphi}{4 \sin \varphi}}$$

$$\frac{\partial \sigma_\theta^P}{\partial x} = \frac{xc \cos \varphi (1 + \sin \varphi)}{2 \sin \varphi^2} \left(\frac{x^2 + y^2}{R_0^2} \right)^{\frac{1 - 5 \sin \varphi}{4 \sin \varphi}}$$

$$\frac{\partial \sigma_r^P}{\partial y} = \frac{yc \cos \varphi (1 - \sin \varphi)}{2 \sin \varphi^2} \left(\frac{x^2 + y^2}{R_0^2} \right)^{\frac{1 - 5 \sin \varphi}{4 \sin \varphi}}$$

$$\frac{\partial \sigma_\theta^P}{\partial y} = \frac{yc \cos \varphi (1 + \sin \varphi)}{2 \sin \varphi^2} \left(\frac{x^2 + y^2}{R_0^2} \right)^{\frac{1 - 5 \sin \varphi}{4 \sin \varphi}}$$

2. 基于 D-P 准则理想弹塑性应力梯度解的计算

其计算过程与 M-C 准则计算过程一致，下面列出求解结果。

根据 D-P 屈服条件，有

$$\sqrt{J_2} - \alpha I_1 - k = 0 \tag{5-50}$$

计算得塑性区应力为

$$\sigma_r^P = \frac{k}{3\alpha} \left[\left(\frac{r}{R_0} \right)^{\frac{6\alpha}{1 - 3\alpha}} - 1 \right] \tag{5-51}$$

$$\sigma_\theta^P = \frac{k}{3\alpha} \left[\frac{1 + 3\alpha}{1 - 3\alpha} \left(\frac{r}{R_0} \right)^{\frac{6\alpha}{1 - 3\alpha}} - 1 \right] \tag{5-52}$$

$$\sigma_Z^P = \frac{k}{3\alpha} \left[\frac{1}{1 - 3\alpha} \left(\frac{r}{R_0} \right)^{\frac{6\alpha}{1 - 3\alpha}} - 1 \right] \tag{5-53}$$

计算得弹性区应力为

$$\begin{cases} \sigma_r^e = P_0 - \frac{R_0^2}{r^2} k (1 - 3\alpha)^{\frac{1 - 3\alpha}{3\alpha}} \left(1 + \frac{3\alpha}{k} P_0 \right)^{\frac{1}{3\alpha}} \\ \sigma_\theta^e = P_0 + - \frac{R_0^2}{r^2} k (1 - 3\alpha)^{\frac{1 - 3\alpha}{3\alpha}} \left(1 + \frac{3\alpha}{k} P_0 \right)^{\frac{1}{3\alpha}} \\ \sigma_Z^P = P_0 \end{cases} \tag{5-54}$$

基于 D-P 准则的应力场梯度值为

$$T(x,y) = |\nabla f| = \sqrt{\left[\frac{1}{2}\left(\sqrt{J_2'}\right)^{-\frac{1}{2}}\frac{\partial J_2'}{\partial x} - \alpha\frac{\partial I_1}{\partial x}\right]^2 + \left[\frac{1}{2}\left(\sqrt{J_2'}\right)^{-\frac{1}{2}}\frac{\partial J_2'}{\partial y} - \alpha\frac{\partial I_1}{\partial y}\right]^2} \tag{5-55}$$

3. 基于 H-B 准则理想弹塑性应力梯度解的计算

其计算过程与 M-C 准则计算过程一致，下面列出求解结果。

根据 H-B 屈服条件，有

$$\sigma_1 = \sigma_3 + \sqrt{m\sigma_C\sigma_3 + s\sigma_C^2} \tag{5-56}$$

计算得塑性区应力为

$$\begin{cases} \sigma_r^P = \sqrt{s}\ln\frac{r}{R_0} + \frac{m\sigma_C}{4}\left(\ln\frac{r}{R_0}\right)^2 \\[2mm] \sigma_\theta^P = \sqrt{s}\sigma_C + \left(\frac{m\sigma_C}{2} + \sqrt{s}\sigma_C\right)\ln\frac{r}{R_0} + \frac{m\sigma_C}{4}\left(\ln\frac{r}{R_0}\right)^2 \\[2mm] \sigma_Z^P = \frac{\sqrt{s}\sigma_C}{2} + \left(\frac{m\sigma_C}{4} + \sqrt{s}\sigma_C\right)\ln\frac{r}{R_0} + \frac{m\sigma_C}{4}\left(\ln\frac{r}{R_0}\right)^2 \end{cases} \tag{5-57}$$

弹性区应力为

$$\begin{cases} \sigma_r^P = P_0 - \frac{R_0^2}{r^2}Ne^{2M} \\[2mm] \sigma_\theta^P = P_0 + \frac{R_0^2}{r^2}Ne^{2M} \\[2mm] \sigma_Z^P = P_0 \end{cases} \tag{5-58}$$

式中，$M = \dfrac{\sqrt{m^2\sigma_C^2 + 16s\sigma_C^2 + 16m\sigma_C P_0} - m\sigma_C - 4\sqrt{s}\sigma_C}{2m\sigma_C}$；$N = P_0 - \sqrt{s}\sigma_C M - m\sigma_C\dfrac{M^2}{4}$。

平面应变条件下，应力场梯度值为

$$T(x,y) = |\nabla f| = \sqrt{\left(\frac{\partial f}{\partial x}\right)^2 + \left(\frac{\partial f}{\partial y}\right)^2} \tag{5-59}$$

应力梯度变化是一种在巷道围岩中普遍存在的现象，在理论上研究巷道围岩的应力梯度时，应从塑性区和弹性区不同的应力平衡关系切入，并且根据不同的围岩条件选取合适的岩石强度理论。课题组基于应力梯度理论及连续损伤力学模型推导了在平面应变条件下塑性区与弹性区交界面的力学平衡方程和边界条件，并提出了在 M-C 准则、Drucker-Prager 准则及 Hoek-Brown 准则下巷道围岩应力梯度的理论求解方法[232]。

5.3　基于应力梯度锚杆合理预紧力确定

根据 5.2 节对岩体劣化参数及基于应力梯度理论的岩体劣化模型的研究，依托西部某煤矿现场工程实践，以 M-C 准则为例，借助 FLAC^{3D} 数值软件对比出模拟结果与理论计算值吻合度为 93%且变化趋势一致，验证了本书提出的应力梯度求解方式的适用性，研究结果为确定锚杆合理支护强度提供了一种研究思路。

5.3.1　理论计算锚杆合理预紧力确定

西部某煤矿 130205 轨道顺槽埋深−495m，顺槽两帮变形严重，影响了矿井的正常生产，需要合理分析围岩的锚固支护强度以确保巷道正常使用。

将实际岩体力学参数赋值于构建的应力梯度求解模型，以 M-C 准则为例，其计算参数如下：巷道半径 $R_0 = 2.5m$，水平原岩应力 $P_0 = 12.8MPa$，围岩弹性模量 $E = 5GPa$，切变模量 $G = 2.14GPa$，泊松比 $\mu = 0.17$，内聚力 $C = 6MPa$。应用上述计算参数，按照 5.2 节求解流程求得基于 M-C 准则在未支护条件下巷道围岩的径向应力梯度(图 5-13)，其中塑性区半径 $r_P = 3.25m$，即在 $2.5m \leqslant r \leqslant 3.25m$ 范围内围岩处于峰后塑性状态，在 $3.25m \leqslant r \leqslant 10m$ 范围内围岩处于峰前弹性状态。

5.3.2　数值模拟锚杆合理预紧力确定

在 130205 工作面轨道顺槽靠近掘进头处选取一试验段使用锚杆加固围岩，间排距为 600mm×600mm，并且每三排锚杆预紧力增加 25kN，预紧力阈值为 0～200kN。被锚固岩体稳定后，监测不同预紧力下的围岩水平应力，数据记录如图 5-9 所示，计算出的实测水平应力梯度如图 5-10 所示。

分析监测数据得出，水平应力梯度沿围岩径向方向逐渐降低并最终趋近于 0。以 25kN 支护预紧力监测数据分析为例，同一监测路径由浅至深会出现梯度变化折点，在该折点前应力梯度随预紧力的升高逐渐增加，折点后应力梯度随着预紧力的增加逐渐降低。

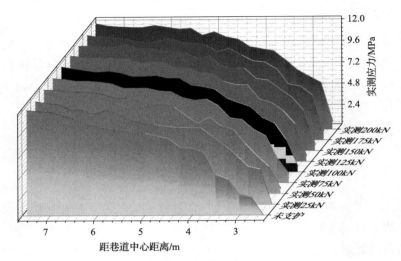

图 5-9　实测水平应力

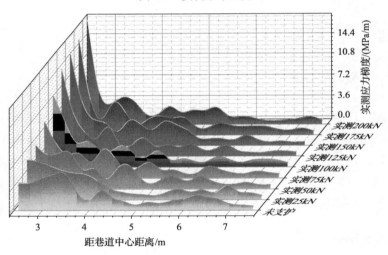

图 5-10　实测水平应力梯度

　　数值模型尺寸为 x 方向 50m，y 方向 0.5m，z 方向 50m，模型网格划分为 33360 个单元；模型中部进行加密划分，加密区位于模型中心，半径为 10m，加密区网格划分为 24000 个单元。其力学参数如表 5-1 所示，数值模型如图 5-11 所示，不同锚杆预紧力下的围岩应力梯度模拟结果如图 5-12 所示。分析可知，未支护条件下巷道围岩应力梯度从巷道壁至岩体内部平缓小幅增加至塑性区边界，越过边界后应力梯度逐渐降低至 0。

表 5-1　　力学参数

力学参数	数值
弹性模量 E/GPa	5
泊松比 μ	0.17
剪切模量 G/GPa	2.14
重力密度 γ/(kN/m^3)	26
内摩擦角 φ /(°)	25
黏聚力 C/MPa	6
抗拉强度 σ_t /MPa	7

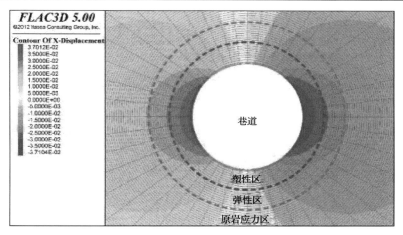

图 5-11　数值模型

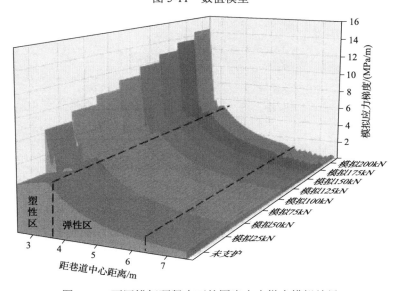

图 5-12　不同锚杆预紧力下的围岩应力梯度模拟结果

随着预紧力从 25kN 增加至 200kN，塑性区水平应力梯度峰值从 8MPa/m 逐渐增加至 15.5MPa/m，塑性区范围从 3.5m 缩减至 3m，可见锚杆预紧力的增加使得围岩劣化范围减小，塑性区边界向围岩外侧偏移。应力梯度变化折点与围岩弹塑性交界面几乎重合，并且会随着锚杆预紧力的增加逐渐向巷道围岩浅部偏移，塑性区范围也会随之缩小，显著提高了巷道围岩稳定性。根据提出的围岩稳定系数 Y 求解条件，得出在巷道围岩浅部($r<10$m)围岩稳定系数 Y 与应力梯度 $T(x)$ 成正相关，验证了提出的围岩稳定模型评估方式的有效性。

5.3.3　理论与实测相关性分析

对未支护条件下巷道变形数值模拟、理论计算及现场实测结果进行对比分析（图 5-13），模拟值、理论值与实测值的相关性分析如表 5-2 所示。

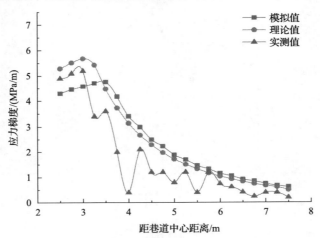

图 5-13　理论、模拟与现场监测结果对比

表 5-2　模拟值、理论值与实测值的相关性分析

拟合参数	拟合参数分量	模拟值	理论值	实测值
截距	值	9.39326	13.43526	13.62099
	标准误差	1.0362	0.89596	1.58241
B_1	值	−1.92999	−3.49137	−4.13314
	标准误差	0.43974	0.38023	0.67155
B_2	值	0.09759	0.23694	0.32045
	标准误差	0.04358	0.03768	0.06655
统计	R^2	0.93013	0.96327	0.86497

通过表 5-2 可以得出模拟值拟合相关性为 0.93013>0.9，理论值拟合相关性为

0.96327>0.9，所以可用二阶拟合方式对该巷道围岩进行应力梯度进行求解，关系式如下：

$$\begin{cases} T_{\text{模(拟合值)}} = T_{\text{模}} + B_{1\text{模}}x + B_{2\text{模}}x^2 \\ T_{\text{理(拟合值)}} = T_{\text{理}} + B_{1\text{理}}x + B_{2\text{理}}x^2 \\ T_{\text{实(拟合值)}} = T_{\text{实}} + B_{1\text{实}}x + B_{2\text{实}}x^2 \end{cases} \tag{5-60}$$

根据曲线修正为

$$T_{\text{理(拟合值)}} = T_{\text{模}} + B_{1\text{模}}x + 0.9B_{2\text{模}}x^2 = T_{\text{实}} + B_{1\text{实}}x + 1.2B_{2\text{实}}x^2 \tag{5-61}$$

式(5-61)可用于理论值、模拟值与实测值之间的求解，以及根据理论值对实测值进行正确的评估。获得未支护条件下围岩的应力梯度后，借助模拟运算结果[图 5-14(b)]，分析知当锚杆预紧力为 150kN 时，该支护形式下巷道围岩变形量相较于未支护条件下减少 40%，即巷道变形补偿比为 40%；断面塑性区范围缩减 60.4%。应力梯度补偿系数计算方式如下。

理论方式获得的应力梯度基准为 T_0，不同预紧力锚杆支护状态下的围岩应力梯度为 T_X，则补偿系数计算准则为

$$\eta = \frac{T_X - T_0}{T_X} \tag{5-62}$$

有效补偿系数为

$$\tilde{\eta} = \frac{T_{\text{实(拟合值)}}}{T_{\text{理(拟合值)}}}\eta = 0.65 \frac{T_{\text{实}} + B_{1\text{实}}x + B_{2\text{实}}x^2}{T_{\text{理}} + B_{1\text{理}}x + B_{2\text{理}}x^2} = 0.604 \tag{5-63}$$

现场应力梯度折损值为(0.65–0.604)/0.65≈0.07，以数值模拟应力梯度补偿系数为依据，得到相应的应力梯度补偿效果[图 5-14(a)]和不同预紧力下应力梯度补偿系数变化趋势[图 5-14(c)]。

锚杆预紧力对围岩应力梯度的补偿呈正相关关系[图 5-14(c)]，对曲线段进行线性拟合，得到补偿系数：

$$\eta = 0.00116F_n + 0.47717 \left(R^2 = 0.96427\right) \tag{5-64}$$

式中，F_n 为预紧力。

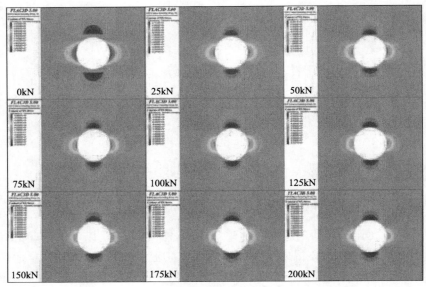

(a) 径向应力变化趋势

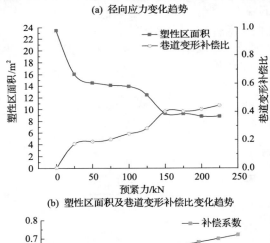

(b) 塑性区面积及巷道变形补偿比变化趋势

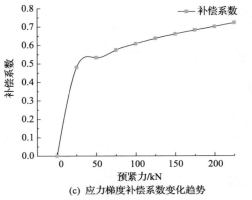

(c) 应力梯度补偿系数变化趋势

图 5-14　应力梯度补偿效果

基于该计算准则可以较准确地计算出现场条件下巷道围岩进行锚杆支护时所需的最合适预紧力。其计算及分析流程如图 5-15 所示。

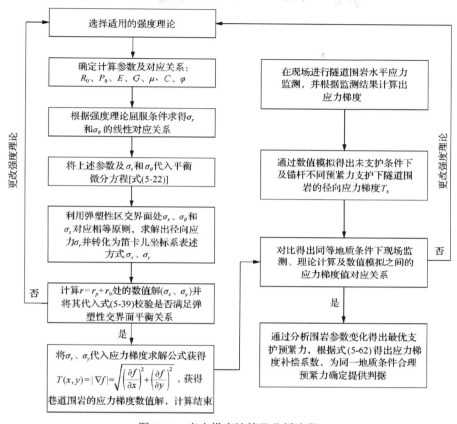

图 5-15　应力梯度计算及分析流程

根据理论分析结果，选取应力梯度补偿系数 0.65 为最优补偿比，对应预紧力为 150kN。根据该地质条件下现场实测值相较于理论计算值 0.07 的预估折损比，对锚杆设计的最优支护强度需予以施加 161kN 的预紧力，在 130205 轨道顺槽共设置三组巷道围岩变形及应力监测区域，围岩监测设备如图 5-16 所示，施工完成后支护优化效果如图 5-17 所示。

依据提出的应力梯度补偿方式，在同等围岩条件下，对巷道变形控制效果提高 40%以上，并且应力梯度补偿系数高于 0.65，高于该矿围岩变形安全控制要求。综上所述，基于 M-C 强度理论及该理论指导下提出的围岩应力梯度理论模型求解的巷道围岩径向应力梯度与数值模拟、现场实测数据基本一致，且变化趋势吻合，为确定现场条件下的应力梯度及变化规律提供了计算依据；同时，根据不同预紧力作用下的巷道围岩应力梯度变化规律，可以优化应力梯度补偿值及锚杆预紧力，改进支护参数。

(a) 应力监测仪　　　　　　　　(b) 多点位移计

图 5-16　围岩监测设备

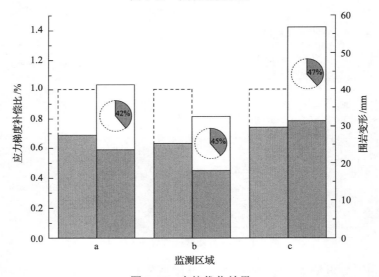

图 5-17　支护优化效果

参 考 文 献

[1] 谢和平, 吴立新, 郑德志. 2025 年中国能源消费及煤炭需求预测[J]. 煤炭学报, 2019, 44 (7): 1949-1960.

[2] 钱鸣高, 许家林, 王家臣. 再论煤炭的科学开采[J]. 煤炭学报, 2018, 43 (1): 1-13.

[3] 武强, 涂坤, 曾一凡, 等. 打造我国主体能源(煤炭)升级版面临的主要问题与对策探讨[J]. 煤炭学报, 2019, 44 (6): 1625-1636.

[4] 宋振骐, 蒋宇静, 杨增夫, 等. 煤矿重大事故预测和控制的动力信息基础的研究[M]. 北京: 煤炭工业出版社, 2003.

[5] 谭云亮, 郭伟耀, 辛恒奇, 等. 煤矿深部开采冲击地压监测解危关键技术研究[J]. 煤炭学报, 2019, 44 (1): 160-172.

[6] 何满潮, 谢和平, 彭苏萍, 等. 深部开采岩体力学研究[J]. 岩石力学与工程学报, 2005, 24 (16): 2803-2813.

[7] 文志杰, 景所林, 宋振骐, 等. 采场空间结构模型及相关动力灾害控制研究[J]. 煤炭科学技术, 2019, 47 (1): 52-61.

[8] 潘俊锋, 毛德兵, 蓝航, 等. 我国煤矿冲击地压防治技术研究现状及展望[J]. 煤炭科学技术, 2013, 41 (6): 21-25.

[9] 何学秋. 煤矿煤岩动力灾害监测预警技术进展[N]. 科学时报, 2011-10-31 (A03).

[10] 中华人民共和国国务院. 国家中长期科学和技术发展规划纲要(2006—2020 年)[A], 2006.

[11] 潘一山, 李忠华, 章梦涛. 我国冲击地压分布、类型、机理及防治研究[J]. 岩石力学与工程学报, 2003, 22 (11): 1844-1851.

[12] 张建民, 李全生, 张勇, 等. 煤炭深部开采界定及采动响应分析[J]. 煤炭学报, 2019, 44 (5): 1314-1325.

[13] 齐庆新, 李一哲, 赵善坤, 等. 我国煤矿冲击地压发展 70 年: 理论与技术体系的建立与思考[J]. 煤炭科学技术, 2019, 47 (9): 1-40.

[14] 钱鸣高, 缪协兴, 许家林. 岩层控制中的关键层理论研究[J]. 煤炭学报, 1996, 21 (3): 225-230.

[15] 许家林, 钱鸣高. 覆岩关键层位置的判别方法[J]. 中国矿业大学学报, 2000, 29 (5): 463-467.

[16] 缪协兴, 钱鸣高. 采动岩体的关键层理论研究新进展[J]. 中国矿业大学学报, 2000, 29 (1): 25-29.

[17] 钱鸣高, 缪协兴, 何富连. 采场"砌体梁"结构的关键块分析[J]. 煤炭学报, 1994, 19 (6): 557-563.

[18] 钱鸣高, 缪协兴, 许家林, 等. 岩层控制的关键层理论[M]. 徐州: 中国矿业大学出版社, 2003.

[19] 宋振骐. 实用矿山压力与控制[M]. 徐州: 中国矿业大学出版社, 1988.

[20] 姜福兴. 采场顶板控制设计及其专家系统[M]. 徐州: 中国矿业大学出版社, 1995.

[21] 邓广哲. 放顶煤采场上覆岩层运动和破坏规律研究[J]. 矿山压力与顶板管理, 1994, (2): 23-26.

[22] 闫少宏, 贾光胜, 刘贤龙. 放顶煤开采上覆岩层结构向高位转移机理分析[J]. 矿山压力与顶板管理, 1996, (3): 3-5.

[23] 张顶立, 王悦汉. 综采放顶煤工作面岩层结构分析[J]. 中国矿业大学学报, 1998, (4): 340-343.

[24] 黄庆享. 浅埋煤层长壁开采顶板结构及岩层控制研究[M]. 徐州: 中国矿业大学出版社, 2000.

[25] 齐庆新, 陈尚本, 王怀新, 等. 冲击地压、岩爆、矿震的关系及其数值模拟研究[J]. 岩石力学与工程学报, 2003, 22 (11): 1852-1858.

[26] 何满潮, 姜耀东, 赵毅鑫. 复合型能量转化为中心的冲击地压控制理论[A].//深部资源开采基础理论研究与工程实践[C]. 北京: 科学出版社, 2005.

[27] 陆菜平, 窦林名, 吴兴荣. 煤岩动力灾害的弱化控制机理及其实践[J]. 中国矿业大学学报, 2006, 35 (3): 302-305.

[28] 姜耀东, 赵毅鑫, 刘文岗, 等. 深采煤层巷道平动式冲击失稳三维模型研究[J]. 岩石力学与工程学报, 2005, 24(16): 2864-2869.

[29] YOUNG P R. Rockbursts and Seismicity in Mines[M]. Rotterdam: A. A. Balkema, 1993.

[30] MENDECKI A J. Seismic Monitoring in Mines[M]. London: Chapman and Hall, 1997.

[31] LUO X, HATHERLY P. Application of microseismic monitoring to characterise geomechnics conditions in longwall mining[J]. Exploration Geophysics, 1998, (13): 489-493.

[32] HATHERLY P, LUO X, DIXON R. Seismic monitoring of ground caving processes associated with longwall mining of coal[A]//GIBOWICZ S J, LASOCKI S. Proceedings of the 4th international symposium on Rockbursts and Seismicity in Mines[C]. Rotterdam: A. A. Balkema, 2001: 121-124.

[33] ZHANG C Q, FENG X T, ZHOU H, et al. A top pilot tunnel preconditionnning method for the prevention of extremely intense rockbursts in deep tunnels excavated by TBMS[J]. Rock Mechanics and Rock Engineering, 2012, 31(3): 289-309.

[34] ABUOV M G, ERMEKOV T M. Studies of the effect of dynamic processes during explosive break-out upon the roof of mining excavations[J]. Journal of Mining Science, 1989, 24(06): 581-590.

[35] CAI M. Influence of stress path on tunnel excavation response numerical tool selection and modeling strategy[J]. Tunneling and Underground Space Technology, 2008, 23(06): 618-628.

[36] TANG C A, WANG J M, ZHANG J J. Preliminary engineering application of microseismic monitoring technique to rockburst prediction in tunneling of Jinping II Project[J]. Journal of Rock Mechanics and Geotechnical Engineering, 2010, 2(3): 193-208.

[37] LUO X, HATHERLY P, ROSS J. Microseismic mapping of floor fracturing for longwall planning at South Blackwater Colliery[A]. //Rockburst and Seismicity in Mines-RaSiM5[C]. [s. l.]: [s. n.], 2000: 337-342.

[38] 姜福兴, LUO X, 杨淑华. 采场覆岩空间破裂与采动应力场的微震探测研究[J]. 岩土工程学报, 2003, 25(1): 23-25.

[39] 姜福兴, 杨淑华, LUO X. 微地震监测揭示的采场围岩空间破裂形态[J]. 煤炭学报, 2003, 28(4): 357-360.

[40] 叶根喜, HATHEPLY P, 姜福兴, 等. 地球物理测井技术在煤矿岩体工程勘察中的应用[J]. 岩石力学与工程学报, 2009, 28(7): 1342-1352.

[41] 王桂峰, 窦林名, 李振雷, 等. 冲击矿压空间孕育机制及其微震特征分析[J]. 采矿与安全工程学报, 2014, 31(1): 41-48.

[42] 吴爱祥, 武力聪, 刘晓辉, 等. 矿山微地震活动时空分布[J]. 北京科技大学学报, 2012, 34(6): 609-613.

[43] 成云海, 姜福兴, 程久龙, 等. 关键层运动诱发矿震的微震探测初步研究[J]. 煤炭学报, 2006, 31(3): 273-277.

[44] 曹安业, 窦林名, 王洪海, 等. 采动煤岩体中冲击震动波传播的微震效应试验研究[J]. 采矿与安全工程学报, 2011, 28(4): 530-535.

[45] 姜福兴, 张兴民, 杨淑华, 等. 长壁采场覆岩空间结构探讨[J]. 岩石力学与工程学报, 2006, 25(5): 979-984.

[46] 孙振鹏, 朱德明. 钻孔双端封堵测漏装置[P]. 中国: 90225165, 1993. 03. 31.

[47] LIANG S, LI X H, MAO Y X, et al. Time-domain characteristics of overlying strata failure under condition of longwall ascending mining[J]. International Journal of Mining Science and Technology, 2013, 23(2): 207-211.

[48] ZHANG Y, PENG S S. Design considerations for tensioned bolts[C]//Proceedings of the 21st International Conference on Ground Control in Mining, Morgantown: West Virginia, 2002: 131-140.

[49] 彭赐灯. 矿山压力与岩层控制研究热点最新进展评述[J]. 中国矿业大学学报, 2015, 44(1): 1-8.

[50] PENG S S. Coal Mine Ground Control[M]. 3rd edition. Morgantown: Syd Peng Publisher, 2008.

[51] PENG S S. Ground control failures[M]. Morgantown: Syd Peng Publisher, 2007.

[52] ANNO. Time-dependent behaviour of deep level tabular excavations in hard rock[J]. Rock Mechanics & Rock Engineering, 1999, 32(2): 123-155.

[53] 潘岳, 王志强, 张勇. 突变理论在岩体系统动力失稳中的应用[M]. 北京: 科学出版社, 2008.

[54] 谢和平, 鞠杨, 黎立云. 基于能量耗散与释放原理的岩石强度与整体破坏准则[J]. 岩石力学与工程学报, 2005, 24(17): 3003-3010.

[55] 潘岳, 王志强. 岩体动力失稳的功、能增量: 突变理论研究方法[J]. 岩石力学与工程学报, 2004, 23(9): 1433-1438.

[56] OBERT L, DUVALL W I. Use of subaudible noises for prediction of rockbursts II-report of investigation[R]. Denver: U. S. Bureau of Mines, 1941.

[57] 曹文贵, 赵明华, 唐学军. 岩石破裂过程的统计损伤模拟研究[J]. 岩土工程学报, 2003, 25(2): 184-187.

[58] 倪骁慧, 朱珍德, 赵杰, 等. 岩石破裂全程数字化细观损伤力学试验研究[J]. 岩土力学, 2009, 30(11): 3283-3290.

[59] 张妹珠, 江权, 王雪亮, 等. 破裂大理岩锚注加固试样的三轴压缩试验及加固机制分析[J]. 岩土力学, 2018, 39(10): 3651-3660.

[60] 唐春安, 赵文. 岩石破裂全过程分析软件系统 RFPA^{2D}[J]. 岩石力学与工程学报, 1997, 16(5): 507-508.

[61] TANG C A. Numerical simulation of progressive rock failure and associated seismicity[J]. Rock Mechanics & Rock Engineering, 1997, 34(2): 249-261.

[62] 黄明利, 唐春安, 朱万成. 岩石破裂过程的数值模拟研究[J]. 岩石力学与工程学报, 2000, 19(4): 468-471.

[63] 秦波. 基于 ABAQUS 的深部巷道围岩变形破坏规律及应用研究[D]. 青岛: 青岛理工大学, 2013.

[64] 刘滨, 刘泉声. 岩爆孕育发生过程中的微震活动规律研究[J]. 采矿与安全工程学报, 2011, 28(2): 174-180.

[65] 赵兴东, 李元辉, 袁瑞甫, 等. 基于声发射定位的岩石裂纹动态演化过程研究[J]. 岩石力学与工程学报, 2007, 26(5): 944-950.

[66] 曹树刚, 刘延保, 李勇, 等. 不同围压下煤岩声发射特征试验[J]. 重庆大学学报, 2009, 32(11): 1321-1327.

[67] 赵洪宝, 尹光志. 含瓦斯煤声发射特性试验及损伤方程研究[J]. 岩土力学, 2011, 32(3): 667-671.

[68] 左建平, 谢和平, 吴爱民, 等. 深部煤岩单体及组合体的破坏机制与力学特性研究[J]. 岩石力学与工程学报, 2011, 30(1): 84-92.

[69] SHKURATNIK V L, FILIMONOV YU L, KUCHURIN S V. Experimental regularities of acoustic emission in coal samples under triaxial compression[J]. Journal of Mining Science, 2005, 41(1): 44-53.

[70] SHKURATNIK V L, FILIMONOV YU L, KUCHURIN S V. Experimental acoustic emissive memory effect in coal samples under triaxial axial-symmetric compression[J]. Journal of Mining Science, 2006, 42(3): 203-210.

[71] SHKURATNIK V L, FILIMONOV YU L, KUCHURIN S V. Experimental investigations into acoustic emission coal samples under uniaxial loading[J]. Journal of Mining Science, 2004, 40(5): 458-464.

[72] VOZNESENSKII A S, TAVOSTIN M N. Acoustic emission of coal in the post limiting deformation state[J]. Journal of Mining Science, 2005, 41(4): 291-298.

[73] 窦林名, 何学秋. 冲击矿压防治理论与技术[M]. 徐州: 中国矿业大学出版, 2001.

[74] 齐庆新, 雷毅, 李宏艳, 等. 深孔断顶爆破防治冲击地压的理论与实践[J]. 岩石力学与工程学报, 2007, 26(S1): 3522-3527.

[75] 章梦涛. 我国冲击地压预测和防治[J]. 辽宁工程技术大学学报(自然科学版), 2001, 20(4): 434-435.

[76] 文志杰. 无煤柱沿空留巷控制力学模型及关键技术研究[D]. 青岛: 山东科技大学, 2011.

[77] 文志杰, 蒋宇静, 宋振骐, 等. 沿空留巷围岩结构灾变系统及控制力学模型研究[J]. 湖南科技大学学报(自然科学版), 2011, 26(3): 12-16.

[78] 姜福兴, 姚顺利, 魏全德, 等. 矿震诱发型冲击地压临场预警机制及应用研究[J]. 岩石力学与工程学报, 2015, 34(S1): 3372-3380.

[79] 姜福兴, 冯宇, 刘晔. 采场回采前冲击危险性动态评估方法研究[J]. 岩石力学与工程学报, 2014, 33(10): 2101-2106.

[80] 邹德蕴, 姜福兴. 煤岩体中储存能量与冲击地压孕育机理及预测方法的研究[J]. 煤炭学报, 2004(2): 159-163.

[81] 张明, 成云海, 王磊, 等. 浅埋复采工作面厚硬岩层-煤柱结构模型及其稳定性研究[J]. 岩石力学与工程学报, 2019, 38(1): 87-100.

[82] DOU L M, LU C P, MU Z L, et al. Prevention and forecasting of rockburst hazards in coal mines[J]. Mining Science and Technology, 2009, 19(5): 585-591.

[83] 贺虎, 窦林名, 巩思园, 等. 覆岩关键层运动诱发冲击的规律研究[J]. 岩土工程学报, 2010, 32(8): 1260-1265.

[84] 窦林名, 贺虎. 煤矿覆岩空间结构OX-F-T演化规律研究[J]. 岩石力学与工程学报, 2012, 31(3): 453-460.

[85] 谢广祥. 综放工作面及其围岩宏观应力壳力学特征[J]. 煤炭学报, 2005, 30(3): 309-313.

[86] 谢广祥, 杨科. 采场围岩宏观应力壳演化特征[J]. 岩石力学与工程学报, 2010, 29(S1): 2676-2680.

[87] 于斌. 大同矿区侏罗系煤层群开采冲击地压防治技术[J]. 煤炭科学技术, 2013, 41(9): 62-65.

[88] 钱鸣高, 石平五, 许家林. 矿山压力与岩层控制[M]. 徐州: 中国矿业大学出版社, 2010.

[89] 张文江. 煤矿采场结构力学模型及其应用研究[D]. 青岛: 山东科技大学, 2008.

[90] 马其华. 长壁采场覆岩"O"型空间结构及相关矿山压力研究[D]. 青岛: 山东科技大学, 2005.

[91] 杨威, 林柏泉, 屈永安, 等. 煤层采动应力场空间分布的数值模拟研究[A].//陈宝智, 李刚. 2010(沈阳)国际安全科学与技术学术研讨会论文集[C]. 沈阳: 东北大学出版社, 2010: 339-342.

[92] 姜福兴. 采场覆岩空间结构观点及其应用研究[J]. 采矿与安全工程学报, 2006(1): 30-33.

[93] 侯玮, 姜福兴, 王存文, 等. 三面采空综放采场"C"型覆岩空间结构及其矿压控制[J]. 煤炭学报, 2009, 34(3): 310-314.

[94] 郭惟嘉, 陈绍杰, 常西坤, 等. 深部开采覆岩体形变演化规律研究[M]. 北京: 煤炭工业出版社, 2012.

[95] 曹怀轩. 采动影响下煤矿顶板岩层三维应力变化规律研究[J]. 水利与建筑工程学报, 2019, 17(4): 112-116.

[96] 林远东, 涂敏, 付宝杰, 等. 采动影响下断层稳定性的力学机理及其控制研究[J]. 煤炭科学技术, 2019, 47(9): 158-165.

[97] 韩刚, 李旭东, 曲晓成, 等. 采场覆岩空间破裂与采动应力场分布关联性研究[J]. 煤炭科学技术, 2019, 47(2): 53-58.

[98] 张源, 万志军, 李付臣, 等. 不稳定覆岩下沿空掘巷围岩大变形机理[J]. 采矿与安全工程学报, 2012, 29(4): 451-458.

[99] 贾宝新. 采动影响下沿空巷道变形破坏与锚杆支护[J]. 辽宁工程技术大学学报(自然科学版), 2011, 30(6): 810-813.

[100] 周宏伟, 谢和平, 左建平. 深部高地应力下岩石力学行为研究进展[J]. 力学进展, 2005, 35(1): 91-99.

[101] 谢和平, 周宏伟, 薛东杰, 等. 煤炭深部开采与极限开采深度的研究与思考[J]. 煤炭学报, 2012, 37(4): 535-542.

[102] 何满潮. 深部的概念体系及工程评价指标[J]. 岩石力学与工程学报, 2005(16): 2854-2858.

[103] 谢和平, 高峰, 鞠杨, 等. 深部开采的定量界定与分析[J]. 煤炭学报, 2015, 40(1): 1-10.

[104] 王连捷, 任希飞, 丁原辰. 地应力测量在采矿工程中的应用[M]. 北京: 地震出版社, 1994.

[105] BROWN E T, HOEK E. Trends in relationships between measured in-situ stresses and depth[J]. International Journal of Rock Mechanics & Mining Sciences & Geomechanics Abstracts, 1978, 15(4): 211-215.

[106] 张俊儒, 仇文革. 地质构造和地形对 N. Barton 岩质评定系数 Q 值的影响分析[J]. 现代隧道技术, 2011, 48 (6): 38-42.

[107] 沈海超, 程远方, 王京印, 等. 断层对地应力场影响的有限元研究[J]. 大庆石油地质与开发, 2007 (2): 34-37.

[108] 王艳华, 崔效锋, 胡幸平, 等. 基于原地应力测量数据的中国大陆地壳上部应力状态研究[J]. 地球物理学报, 2012, 55 (9): 3016-3027.

[109] 康红普. 深部煤矿应力分布特征及巷道围岩控制技术[J]. 煤炭科学技术, 2013, 41 (9): 12-17.

[110] HOEK E , BROWN E T. Closure of "empirical strength criterion for rock masses"[J]. Journal of the Geotechnical Engineering Division, 1982, 108: 672-673.

[111] CLEARY M. Effects of depth on rock fracture[Z]. Pau, Pyreneers-Atlantiques: A. A. Balkema, 1989: 1153-1163.

[112] 李世平. 岩石力学简明教程[M]. 北京: 煤炭工业出版社, 1996.

[113] 谢和平. "深部岩体力学与开采理论"研究构想与预期成果展望[J]. 工程科学与技术, 2017, 49 (2): 1-16.

[114] 赵正军, 田取珍, 李兰秀. 煤岩体的损伤断裂机理研究[J]. 太原理工大学学报, 2005, 36 (3): 260-263.

[115] 唐春安. 岩爆机理研究的关键问题[C]//新观点新学说学术沙龙文集 51: 岩爆机理探索, 2010.

[116] 潘结南. 煤岩单轴压缩变形破坏机制及与其冲击倾向性的关系[J]. 煤矿安全, 2006, 37 (8): 1-4.

[117] 夏蒙棼, 韩闻生, 柯孚久, 等. 统计细观损伤力学和损伤演化诱致突变(Ⅰ)[J]. 力学进展, 1995, 25 (1): 1-14.

[118] 夏蒙棼, 韩闻声, 柯孚久. 统计细观损伤力学和损伤演化诱致突变(Ⅱ)[J]. 力学进展, 1995, 25 (2): 145-159.

[119] 谢和平. 岩石混凝土损伤力学[M]. 徐州: 中国矿业大学出版社, 1990.

[120] 刘保县, 黄敬林, 王泽云, 等. 单轴压缩煤岩损伤演化及声发射特性研究[J]. 岩石力学与工程学报, 2009, 28 (1): 3234-3238.

[121] 邹银辉. 煤岩声发射机理初探[J]. 矿业安全与环保, 2004, 31 (1): 31-33.

[122] 杨永杰, 王德超, 郭明福, 等. 基于三轴压缩声发射试验的岩石损伤特征研究[J]. 岩石力学与工程学报, 2014, 33 (1): 98-104.

[123] 许江, 李树春, 唐晓军, 等. 单轴压缩下岩石声发射定位实验的影响因素分析[J]. 岩石力学与工程学报, 2008, 27 (4): 765-772.

[124] KONG B H, LI Z, WANG E Y. Fine characterization rock thermal damage by acoustic emission technique[J]. Journal of Geophysics and Engineering, 2018, 15 (1): 1-10.

[125] 刘学文, 林吉中, 袁祖贻. 应用声发射技术评价材料疲劳损伤的研究[J]. 中国铁道科学, 1997, 18 (4): 74-81.

[126] 宋晓艳, 李忠辉. 冲击煤样单轴压缩的声发射特征研究[J]. 煤炭工程, 2011, 1 (11): 110-113.

[127] 宁超, 余锋, 景丽岗. 单轴压缩条件下冲击煤岩声发射特性实验研究[J]. 煤矿开采, 2011, 16 (1): 97-100.

[128] 李回贵, 高保彬, 李化敏. 单轴压缩下煤岩宏观破裂结构及声发射特性研究[J]. 地下空间与工程学报, 2015, 11 (3): 612-618.

[129] 高保彬, 李回贵, 刘云鹏, 等. 单轴压缩下煤岩声发射及分形特征研究[J]. 地下空间与工程学报, 2013, 10 (5): 19-25.

[130] LIN Q B, CAO P, LI K H, et al. Experimental study on acoustic emission characteristics of jointed rock mass by double disc cutter[J]. Journal of Central South University, 2018, 25 (2): 357-367.

[131] 左建平, 裴建良, 刘建锋, 等. 煤岩体破裂过程中声发射行为及时空演化机制[J]. 岩石力学与工程学报, 2011, 30 (8): 1564-1570.

[132] 张学朋, 王刚, 蒋宇静, 等. 基于颗粒离散元模型的花岗岩压缩试验模拟研究[J]. 岩土力学, 2014, 35 (S1): 99-105.

[133] KACHANOV L M. Separation failure of composite materials[J]. Polymer Mechanics, 1976, 12 (5): 812-815.

[134] 文志杰, 田雷, 蒋宇静, 等. 基于应变能密度的非均质岩石损伤本构模型研究[J]. 岩石力学与工程学报, 2019, 38(7): 1332-1343.

[135] 谢和平, 鞠杨, 黎立云, 等. 岩体变形破坏过程的能量机制[J]. 岩石力学与工程学报, 2008(9): 1729-1740.

[136] GAO F, ZHANG Z, LIU X. Research on rock burst proneness index based on energy evolution in rock[J]. Disaster Advances, 2012, 5(4): 1367-1371.

[137] WEN Z, WANG X, CHEN L, et al. Size effect on acoustic emission characteristics of coal-rock damage evolution[J]. Advances in Materials Science and Engineering, 2017: 1-8.

[138] 孙倩, 李树忱, 冯现大, 等. 基于应变能密度理论的岩石破裂数值模拟方法研究[J]. 岩土力学, 2011, 32(5): 1575-1582.

[139] LI X, CAO W G, SU Y H. A statistical damage constitutive model for softening behavior of rocks[J]. Engineering Geology, 2012, 143: 1-17.

[140] 杨圣奇, 徐卫亚, 韦立德, 等. 单轴压缩下岩石损伤统计本构模型与试验研究[J]. 河海大学学报(自然科学版), 2004(2): 200-203.

[141] 曾晟, 杨仕教, 张新华, 等. 单轴压缩下石灰岩损伤统计本构模型与试验研究[J]. 南华大学学报(自然科学版), 2005(1): 69-72+95.

[142] 杨明辉, 赵明华, 曹文贵. 岩石损伤软化统计本构模型参数的确定方法[J]. 水利学报, 2005(3): 345-349.

[143] 徐涛, 唐春安, 张哲, 等. 单轴压缩条件下脆性岩石变形破坏的理论、试验与数值模拟[J]. 东北大学学报, 2003(1): 87-90.

[144] 张晓君. 岩石损伤统计本构模型参数及其临界敏感性分析[J]. 采矿与安全工程学报, 2010, 27(1): 45-50.

[145] 张富才. 现场动力静力法弹性参数测定成果对比分析[J]. 水利水电技术, 1990, 11: 34-39.

[146] 张培源, 张晓敏, 汪天庚. 岩石弹性模量与弹性波速的关系[J]. 岩石力学与工程学报, 2001, 20(6): 785-785.

[147] 尹增德. 采动覆岩破坏特征及其应用研究[D]. 青岛: 山东科技大学, 2007.

[148] ITASCA CONSULTING GROUP. PFC2D(particle flow code in 2dimensions)fish in PFC2D[R]. Minneapolis, USA: Itasca Consulting Group, 2008.

[149] 周喻, 吴顺川, 许学良, 等. 岩石破裂过程中声发射特性的颗粒流分析[J]. 岩石力学与工程学报, 2013, 32(5): 951-959.

[150] 赵同彬, 尹延春, 谭云亮, 等. 基于颗粒流理论的煤岩冲击倾向性细观模拟试验研究[J]. 煤炭学报, 2014, 39(2): 280-285.

[151] 潘俊锋, 刘少虹, 马文涛, 等. 深部冲击地压智能防控方法与发展路径[J]. 工矿自动化, 2019, 45(8): 19-24.

[152] 吴姗, 杨小聪, 郭利杰. 高应力环境下深部金属矿整体规划的思考与展望[J]. 煤炭学报, 2019, 44(5): 1432-1436.

[153] 汪建江, 钟立家, 王南南. 井下采矿技术及井下采矿发展趋势的思考[J]. 世界有色金属, 2017(18): 17+19.

[154] 李铁, 郝相龙. 深部开采动力灾害机理与超前辨识[M]. 徐州: 中国矿业大学出版社, 2009.

[155] 袁亮, 姜耀东, 何学秋, 等. 煤矿典型动力灾害风险精准判识及监控预警关键技术研究进展[J]. 煤炭学报, 2018, 43(2): 306-318.

[156] 姜立春, 魏叙深. 采动应力作用下陡倾板裂状岩体巷道溃屈破坏[J]. 辽宁工程技术大学学报(自然科学版), 2015, 34(1): 15-20.

[157] 杜学领, 王涛. 冲击地压、岩爆与矿震的内涵及使用范围研究[J]. 煤炭与化工, 2017, 40(3): 1-4.

[158] 杜学领. 厚层坚硬煤系地层冲击地压机理及防治研究[D]. 北京: 中国矿业大学(北京), 2016.

[159] 齐庆新, 陈尚本, 王怀新, 等. 冲击地压、岩爆、矿震的关系及其数值模拟研究[J]. 岩石力学与工程学报, 2003(11): 1852-1858.

[160] 徐桂生, 王兰生, 李永林. 岩爆形成机制与判据研究[J]. 岩土力学, 2002, 23(3): 300-303.

[161] 徐林生, 王兰生, 李天斌. 国内外岩爆研究现状综述[J]. 长江科学院院报, 1999, 16(4): 24-27.

[162] 钱七虎. 岩爆、冲击地压的定义、机制、分类及其定量预测模型[J]. 岩土力学, 2014(1): 1-6.

[163] 王军辉, 李宝富, 张涛. 巷道掘进过程中煤炮现象发生范围及机理研究[J]. 工矿自动化, 2010, 36(7): 39-41.

[164] SI G, DURUCAN S, JAMNIKAR S, et al. Seismic monitoring and analysis of excessive gas emissions in heterogeneous coal seams[J]. International Journal of Coal Geology, 2015, 149(49): 41-54.

[165] 柳云龙, 田有, 冯晅, 等. 微震技术与应用研究综述[J]. 地球物理学进展, 2013, 28(4): 1801-1808.

[166] 窦林名, 何学秋. 煤矿冲击矿压的分级预测研究[J]. 中国矿业大学学报, 2007, 36(6): 717-722.

[167] 潘俊锋. 冲击地压的冲击启动机理及其应用[D]. 北京: 煤炭科学研究总院, 2016.

[168] 姜耀东, 潘一山, 姜福兴, 等. 我国煤炭开采中的冲击地压机理和防治[J]. 煤炭学报, 2014, 39(2): 205-213.

[169] LIPPMANN H. Mechanics of "bumps" in coal mines: A discussion of violent deformations in the sides of roadways in coal seams[J]. Applied Mechanics Reviews, 1987, 40(8): 1033.

[170] 刘金海, 翟明华, 郭信山, 等. 震动场、应力场联合监测冲击地压的理论与应用[J]. 煤炭学报, 2014, 39(2): 353-363.

[171] 潘俊锋. 煤矿冲击地压启动理论及其成套技术体系研究[J]. 煤炭学报, 2019, 44(1): 173-182.

[172] 武强. 我国矿井水防控与资源化利用的研究进展、问题和展望[J]. 煤炭学报, 2014, 39(5): 795-805.

[173] 刘天泉. 用垮落法上行开采的可能性[J]. 煤炭学报, 1981(1): 20-31.

[174] 高延法, 施龙青, 娄华君, 等. 底板突水规律与突水优势面[M]. 徐州: 中国矿业大学出版社, 1999.

[175] 文志杰, 汤建泉, 王洪彪. 大采高采场力学模型及支架工作状态研究[J]. 煤炭学报, 2011, 36(S1): 42-46.

[176] 文志杰, 赵晓东, 尹立明, 等. 大采高顶板控制模型及支架合理承载研究[J]. 采矿与安全工程学报, 2010, 27(2): 255-258.

[177] 孙伯乐. 采动巷道围岩大变形机理及控制研究[D]. 太原: 太原理工大学, 2012.

[178] 李瑞群, 陈苏社. 浅埋深7m大采高综采工作面顶板灾害防治技术研究[J]. 煤炭工程, 2017, 49(S2): 9-13.

[179] 解盘石, 伍永平, 王红伟, 等. 急斜煤层群重复采动沿空软岩巷道变形破坏机理[J]. 辽宁工程技术大学学报 (自然科学版), 2013, 32(1): 44-49.

[180] BAE G J, CHANG S H, LEE S W, et al. Evaluation of interfacial properties between rock mass and shotcrete[J]. International Journal of Rock Mechanics & Mining Sciences, 2004, 41(3): 106-112.

[181] 仲启方, 阎震彪, 管歆. 巷道围岩注浆加固技术[J]. 煤炭技术, 2015, 34(1): 80-83.

[182] 曹胜根, 刘长友. 高档工作面断层破碎带顶板注浆加固技术[J]. 煤炭学报, 2004(5): 545-549.

[183] 王小林. 破碎矿体采场底部结构稳定性分析及控制技术研究[D]. 西安: 西安建筑科技大学, 2017.

[184] 王浩. 回采巷道松软破碎围岩注浆加固与支护技术研究[D]. 徐州: 中国矿业大学, 2008.

[185] 孟庆彬, 钱唯, 韩立军, 等. 软弱矿体中巷道围岩稳定控制技术及应用[J]. 采矿与安全工程学报, 2019, 36(5): 906-915.

[186] 檀远远. 复杂构造带回采巷道松动圈确定与支护对策研究[D]. 淮南: 安徽理工大学, 2009.

[187] 柏建彪, 侯朝炯. 深部巷道围岩控制原理与应用研究[J]. 中国矿业大学学报, 2006(2): 145-148.

[188] 赵辉, 熊祖强, 王文. 矿井深部开采面临的主要问题及对策[J]. 煤炭工程, 2010(7): 11-13.

[189] 袁亮, 薛俊华, 刘泉声, 等. 煤矿深部岩巷围岩控制理论与支护技术[J]. 煤炭学报, 2011, 36(4): 535-543.

[190] 高延法, 范庆忠, 崔希海, 等. 岩石流变及其扰动效应试验研究[M]. 北京: 科学出版社, 2007.

[191] 张国华, 李凤仪. 矿井围岩控制与灾害防治[M]. 徐州: 中国矿业大学出版社, 2009.

[192] 张向阳. 动压影响下大巷围岩变形机理与卸压控制研究[D]. 淮南: 安徽理工大学, 2007.

[193] 金怀涛. 采场底板变形特征及底板巷道围岩控制研究[D]. 淮南: 安徽理工大学, 2011.

[194] 陈卫忠, 谭贤君, 吕森鹏, 等. 深部软岩大型三轴压缩流变试验及本构模型研究[J]. 岩石力学与工程学报, 2009, 28(9): 1735-1744.

[195] 吕燕丽. 破碎围岩注浆支护材料的改性试验与应用研究[D]. 绵阳: 西南科技大学, 2016.

[196] 李景涛. 东荣二矿回采巷道破碎围岩锚注支护技术研究[D]. 阜新: 辽宁工程技术大学, 2011.

[197] 苏鑫. 深部巷道破碎围岩稳定性特征及控制技术研究[D]. 太原: 太原理工大学, 2014.

[198] 胡锋. 麻崖子隧道破碎围岩稳定性分析[D]. 西安: 长安大学, 2012.

[199] 李俊平, 连民杰. 矿山岩石力学[M]. 北京: 冶金工业出版社, 2011.

[200] 陈旭. 采动影响底板暗斜井围岩破坏机理及支护技术研究[D]. 湘潭: 湖南科技大学, 2014.

[201] 刘泉声, 张华, 林涛. 煤矿深部岩巷围岩稳定与支护对策[J]. 岩石力学与工程学报, 2004(21): 3732-3737.

[202] 李庆文. 动压条件下巷道失稳机理及支护技术研究[D]. 淮南: 安徽理工大学, 2010.

[203] 高召宁, 孟祥瑞, 付志亮. 考虑渗流、应变软化和扩容的巷道围岩弹塑性分析[J]. 重庆大学学报, 2014, 37(1): 96-101.

[204] 宋建波. 岩体经验强度准则及其在地质工程中的应用[M]. 西安: 地质出版社, 2002.

[205] LI X B, LOK T S, ZHAO J. Dynamic characteristics of granite subjected to intermediate loading rate[J]. Rock Mechanics and Rock Engineering, 2005, 38(1): 21-39.

[206] 中华人民共和国国家标准编写组. GB 50218—2014, 工程岩体分级标准[S]. 北京: 中国计划出版社, 2014.

[207] 方新秋, 何杰, 何加省. 深部高应力软岩动压巷道加固技术研究[J]. 岩土力学, 2009, 30(6): 1693-1698.

[208] 方新秋, 赵俊杰, 洪木银. 深井破碎围岩巷道变形机理及控制研究[J]. 采矿与安全工程学报, 2012, 29(1): 1-7.

[209] 赵希栋. 掘进巷道蝶型煤与瓦斯突出启动的力学机理研究[D]. 北京: 中国矿业大学(北京), 2017.

[210] 赵志强, 马念杰, 刘洪涛, 等. 巷道蝶形破坏理论及其应用前景[J]. 中国矿业大学学报, 2018, 47(5): 969-978.

[211] ALAM A K M B, NIIOKA M, FUJII Y, et al. Effects of confining pressure on the permeability of three rock types under compression[J]. International Journal of Rock Mechanics and Mining Sciences, 2014, 65(1): 49-61.

[212] SUKPLUM W, WANNAKAO L. Influence of confining pressure on the mechanical behavior of Phu Kradung sandstone[J]. International Journal of Rock Mechanics and Mining Sciences, 2016, 86: 48-54.

[213] LI X B, TAO MING, WU CHENGQING, et al. Spalling strength of rock under different static pre-confining pressures[J]. International Journal of Impact Engineering, 2017(99): 69-74.

[214] SCHMIDT R A, HUDDLE C W. Effect of confining pressure on fracture toughness of Indiana limestone[J]. International Journal of Rock Mechanics and Mining Sciences and Geomechanics Abstracts, 1977, 14(5): 289-293.

[215] CHI T N, NGUYEN G D, DAS A, et al. Constitutive modelling of progressive localised failure in porous sandstones under shearing at high confining pressures[J]. International Journal of Rock Mechanics and Mining Sciences, 2017, 93: 179-195.

[216] BARTON N, LIEN R, LUNDE J. Engineering classification of rock masses for the design of tunnel support[J]. Rock Mechanics, 1974, 6(4): 189-236.

[217] CAI Y, ESAKI T, JIANG Y. A rock bolt and rock mass interaction model[J]. International Journal of Rock Mechanics and Mining Sciences, 2004, 41(7): 1055-1067.

[218] MOORE I D. Analysis of rib supports for circular tunnels in elastic ground[J]. Rock Mechanics and Rock Engineering, 1994, 27(3): 155-172.

[219] KANG H P. Support technologies for deep and complex roadways in underground coal mines: a review[J]. International Journal of Coal Science & Technology, 2014, 1(3): 261-277.

[220] BOBET A. Elastic solution for deep tunnels application to excavation damage zone and rockbolt support[J]. Rock Mechanics and Rock Engineering, 2009, 42(2): 147-174.

[221] LIU G F, FENG X T, FENG G L, et al. A method for dynamic risk assessment and management of rockbursts in drill and blast tunnels[J]. Rock Mechanics and Rock Engineering, 2016, 49(8): 3257-3279.

[222] BARPI F, VALENTE S, CRAVERO M, et al. Fracture mechanics characterization of an anisotropic geomaterial[J]. Engineering Fracture Mechanics, 2012, 84: 111-122.

[223] 左建平, 魏旭, 王军, 等. 深部巷道围岩梯度破坏机理及模型研究[J]. 中国矿业大学学报, 2018, 47(3): 478-485.

[224] 张绪涛, 张强勇, 向文, 等. 基于应变梯度理论的分区破裂机制分析研究[J]. 岩石力学与工程学报, 2016, 35(4): 724-734.

[225] 王明洋, 解东升, 李杰, 等. 深部岩体变形破坏动态本构模型[J]. 岩石力学与工程学报, 2013, 32(6): 1112-1120.

[226] 刘会波, 肖明, 陈俊涛. 复杂地下洞室围岩开挖扰动空间效应参数化研究[J]. 四川大学学报(工程科学版), 2012, 44(3): 47-54.

[227] CHEN Z H. Stress distribution characteristics in rock surrounding heading face and its relationship with temporary supporting[J]. Applied Mechanics and Materials, 2014: 1684-1689.

[228] 侯公羽, 牛晓松. 基于 Levy-Mises 本构关系及 Hoek-Brown 屈服准则的轴对称圆巷理想弹塑性解[J]. 岩石力学与工程学报, 2010, 29(4): 765-777.

[229] IX C. Fundamentals of rock mechanics[M]. Blackwell: Blackwell publishing, 1976: 132-166.

[230] OBERT L, DUVALL W I. Rock mechanics and the design of structure in rock[M]. New York: John Wiley and Sons, 1967: 71-78.

[231] 蔡美峰, 何满潮, 刘东燕. 岩石力学与工程[M]. 北京: 科学出版社, 2002.

[232] 文志杰, 张瑞新, 杨涛, 等. 基于应力梯度理论的锚杆合理预紧力[J]. 煤炭学报, 2008, 43(12): 3309-3319.